BIBLIOTHÈQUE DES MERVEILLES

PUBLIÉE SOUS LA DIRECTION

DE M. ÉDOUARD CHARTON

LES PAPILLONS

15577. — PARIS, IMPRIMERIE A. LAHURE
9, rue de Fleurus, 9

BIBLIOTHÈQUE DES MERVEILLES

LES PAPILLONS

PAR

G.-R. MAURICE MAINDRON

ANCIEN PRÉPARATEUR A L'ÉCOLE NORMALE SUPÉRIEURE DE TRAVAIL MANUEL

OUVRAGE

ILLUSTRÉ DE 94 GRAVURES D'APRÈS LES DESSINS

DE A.-L. CLÉMENT

PARIS

LIBRAIRIE HACHETTE ET Cie

79, BOULEVARD SAINT-GERMAIN, 79

1888

A LA MÉMOIRE

DE MON AMI

LOUIS MOLEYRE

AVERTISSEMENT DE L'AUTEUR

Ce petit livre n'a aucune prétention scientifique, c'est avant tout un ouvrage de vulgarisation, destiné à donner le goût de l'histoire naturelle à la jeunesse, à lui aplanir les difficultés pratiques des premiers débuts. Dans la partie générale et dans le chapitre traitant de la récolte et de la préparation des insectes, j'ai résumé l'enseignement que je fis de 1883 à 1885, sous la direction de M. G. Philippon, aux élèves de l'École normale supérieure de travail manuel, école aujourd'hui supprimée. Je remercie M. Charton de m'avoir mis à même de répandre dans la Bibliothèque des merveilles les idées pratiques qui ont toujours présidé à l'esprit de la fondation de M. l'Inspecteur général Salicis.

M. A.-L. Clément a dessiné d'après nature les figures de cet ouvrage; M. J. Kunckel d'Herculais a bien voulu parfois me guider de ses conseils; M. Paul Masson m'a rendu le plus grand service en revoyant les épreuves, je leur adresse ici mes remerciments.

MAURICE MAINDRON.

Paris, octobre 1887.

LES PAPILLONS

CHAPITRE PREMIER

Aspect extérieur d'un Papillon. — Division du corps. — Caractères généraux des Insectes. — La segmentation. — Système appendiculaire. — Organes extérieurs de la nutrition, de la locomotion, des sens. — Différences sexuelles. — Classification en grandes divisions.

Si nous examinons un Papillon, nous reconnaissons en lui, tout d'abord, un petit être dont le corps étroit et allongé supporte quatre ailes beaucoup plus grandes que lui-même. Ce corps se divise à première vue en trois parties. Nous voyons une tête arrondie, portant en avant une paire de cornes ou antennes, puis le corselet ou thorax où sont attachées les pattes et les ailes, et enfin le ventre ou abdomen.

Chacune de ces parties se subdivise elle-même en anneaux ou segments ajustés bout à bout, et c'est cette disposition du corps qui a fait donner à ces animaux le nom d'*Articulés*.

Parmi les animaux composant le type *Articulés*, les êtres qui nous intéressent sont, après les *Myriopodes*, ceux qui présentent au plus haut point ce caractère de la segmentation du corps. Aussi les a-t-on nommés *Insectes*, c'est-à-dire animaux coupés, séparés en tronçons.

Les Papillons sont donc des Insectes.

Bien que ce petit ouvrage n'ait aucune prétention scientifique et que nous nous y soyons interdit d'y faire entrer les définitions arides de la science pure, il ne nous a pas paru inutile de donner ici un aperçu abrégé des caractères généraux des Insectes.

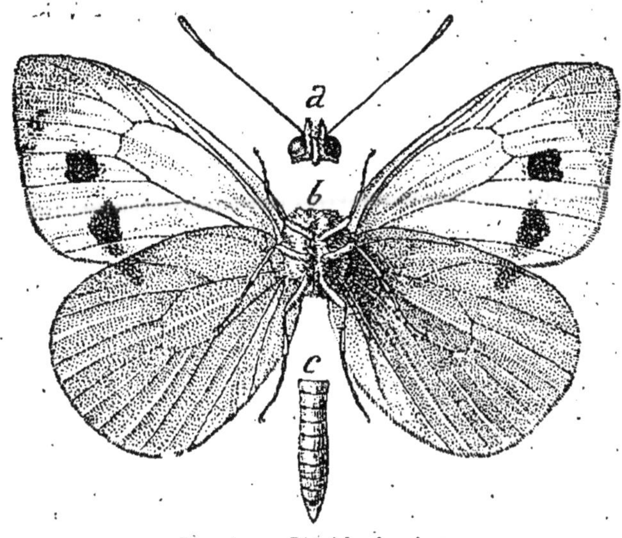

Fig. 1. — Piéride du chou.
a, tête ; *b*, thorax ; *c*, abdomen.

Les Insectes sont des Invertébrés de l'embranchement ou type *Articulés*[1], présentant par conséquent la symétrie bilatérale. Leur corps, divisé en trois parties essentielles et toujours distinctes (tête, thorax, abdomen), se subdivise en un certain nombre d'anneaux. Chacun de ces anneaux représente virtuellement un individu indépendant (zoonite), ayant ses appendices plus ou moins développés, quelquefois complètement atrophiés, absents ou profondément modifiés (anneaux abdominaux).

Leur corps, dépourvu, comme chez tous les Invertébrés, d'un squelette intérieur, est recouvert extérieurement d'une armature solide et cornée, formée par une substance particulière (chitine), à laquelle viennent s'adjoindre les matières organiques, etc., qui concourent à lui donner son épaisseur et sa coloration.

Les appendices dépendant du corps sont de trois or-

1. On dit aussi Arthropodes.

dres, suivant les fonctions qu'ils sont appelés à remplir ; mais ils peuvent tous morphologiquement se ramener à un seul type, celui de pattes modifiées, excepté toutefois les ailes, dont l'origine théorique est encore inconnue.

Parmi ces appendices, les uns sont destinés à la préhension et à la trituration ou à la succion des aliments : ce sont les organes buccaux. — Les appendices de la locomotion sont les pattes, destinées à la marche, et il n'y en a jamais moins ni plus de trois paires. Les ailes sont presque toujours au nombre de deux paires, parfois réduites à des moignons; dans des cas assez rares, nous les voyons manquer complètement.

Le dernier anneau de l'abdomen porte souvent des appendices destinés à fouir le sol, ou à percer les plantes pour y pratiquer des trous où la femelle puisse déposer ses œufs.

Les organes des sens, chez les Insectes, peuvent résider dans des parties du corps fort éloignées les unes des autres ; cependant la vue, l'odorat et le tact sont localisés dans la tête. Les antennes, situées près des yeux, paraissent participer au tact, à l'odorat, et même, suivant certains auteurs, à l'ouïe.

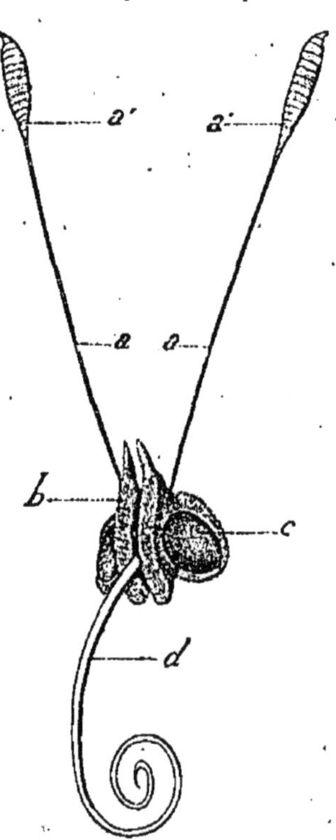

Fig. 2. — Tête de Papillon de jour.

a, antennes ; a', massue c, œil composé ; d, trompe.

Avec ces petites notions il nous sera plus aisé de reconnaître les diverses parties de notre papillon, parties qui se retrouvent dans tous ses congénères et qui varient seulement de forme suivant les familles et les genres. Examinons d'abord la tête. Elle est arrondie et un peu comprimée en avant. Les antennes s'attachent en dessus, puis de chaque côté nous voyons un gros œil. En dessous on remarque une trompe enroulée sur elle-même et entourée d'appendices pairs que nous examinerons tout à l'heure en détail.

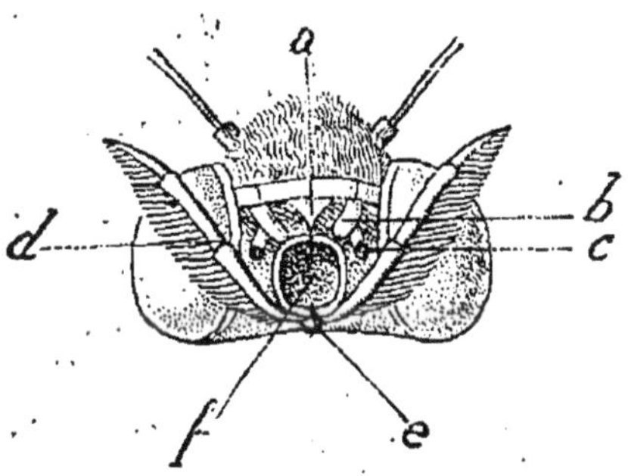

Fig. 3. — Tête de papillon diurne, vue de face et dont on a coupé la trompe dont l'ouverture *f* reste béante.

a, lèvre supérieure ; *e*, lèvre inférieure ; *b*, palpes maxillaires ; *c*, palpes labiaux.

Les antennes sont formées d'un grand nombre d'articles ajustés bout à bout ; chez les papillons de jour, elles se terminent par une sorte de renflement qui leur donne l'aspect d'une massue ; d'où leur nom de *Rhopalocères* (ῥοπαλόν et κέρας). Chez les Sphinx, elles ont la forme d'un fuseau prismatique, ou d'une verge ciliée,

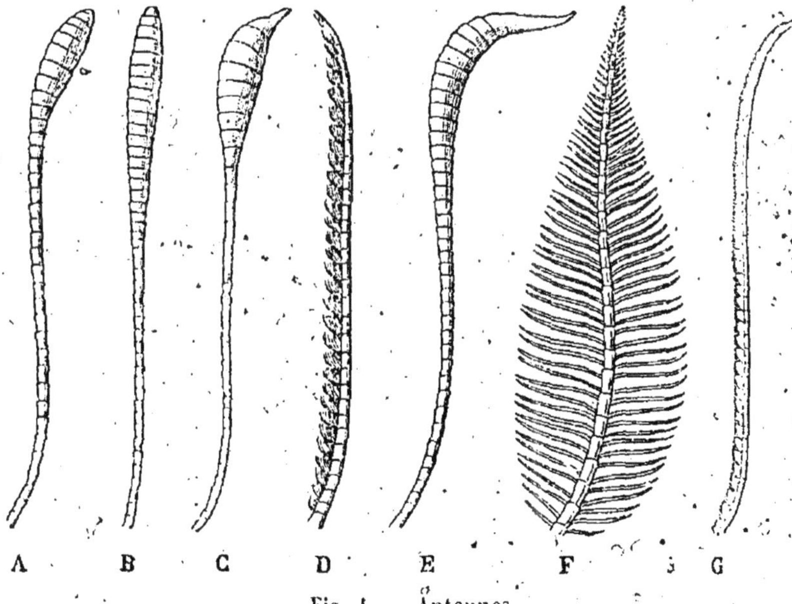

Fig. 4. — Antennes.

A. Papilio ; B. Apatura ; C. Hesperia ; D. Sphinx ; E. Zygène ; F. Bombyx ; G. Noctuelle.

et chez les Bombyx elles ressemblent à des peignes doubles, délicatement dentelés, ou à des plumes. Filiformes chez les Noctuelles et les Callimorphes, elles se recourbent comme des cornes de bélier chez les Zygènes.

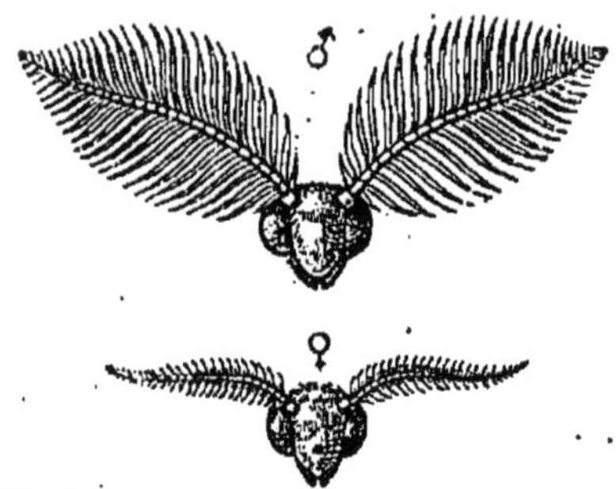

Fig. 5. — Antennes de Bombyx quercûs mâle et femelle.

Le rôle de ces organes est très multiple. Sans dire pour cela que les antennes soient uniquement des organe de toucher, on peut dire cependant que c'est là leur fonction la plus essentielle. On les voit servir à la transmission d'impressions diverses, notamment de l'odorat. Cette opinion déjà ancienne, émise par Rœsel et Réaumur, a été soutenue par de Blainville, qui s'appuyait sur la position de ces organes situés si près de la bouche. On doit en effet remarquer que dans la série des vertébrés, les organes de l'olfaction résident dans un appareil qui est toujours dans un rapport intime avec la cavité buccale par des nerfs venant du cerveau. D'autres auteurs ont voulu que les antennes renfermassent aussi des appareils destinés à l'audition.

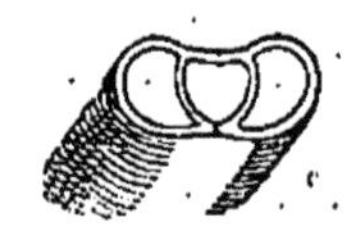
Fig. 6. — Coupe de trompe (*Deilephila Elpenor*).

Nous pouvons, sans nous compromettre, avancer qu'aux antennes sont dévolues des fonctions réunissant de bien près celles du tact, de l'odorat et aussi de l'ouïe.

Chez beaucoup de papillons de nuit les mâles recherchent et savent découvrir les femelles à de très grandes distances, souvent même à plusieurs lieues. Or, si l'on coupe les antennes à un mâle de Bombyx quercûs, par exemple, et qu'on le mette à proximité d'une femelle, nous verrons le malheureux passer près d'elle, sans autrement la découvrir. M. Balbiani a fait à ce propos des expériences concluantes.

« Prenant une série de mâles du Bombyx du mûrier venant d'éclore, et ayant la précaution de les isoler et de les éloigner pour qu'ils n'aient aucun contact avec les femelles, le professeur du collège de France les divise en deux lots qu'il met dans des boîtes distinctes. L'un des lots est conservé intact. L'autre est mis en expérience et les papillons qu'il renferme ont subi une délicate opération ; leurs larges antennes pectinées ont été coupées à la racine. Si l'on approche la boîte contenant le lot laissé intact des tables sur lesquelles se trouvent les femelles, on voit les papillons, même à une distance de plusieurs mètres, battre des ailes et entrer dans une violente agitation ; au contraire si l'on approche des femelles les papillons dépourvus d'antennes, on est surpris de voir les malheureux amputés demeurer les ailes basses, immobiles, impuissants à manifester la moindre sensation ; l'impression des fortes émanations qu'exhalent les femelles n'est point parvenue à leur cerveau, l'ablation de leurs antennes les empêche de percevoir les odeurs, ils n'ont pas d'organes de l'odorat[1]. »

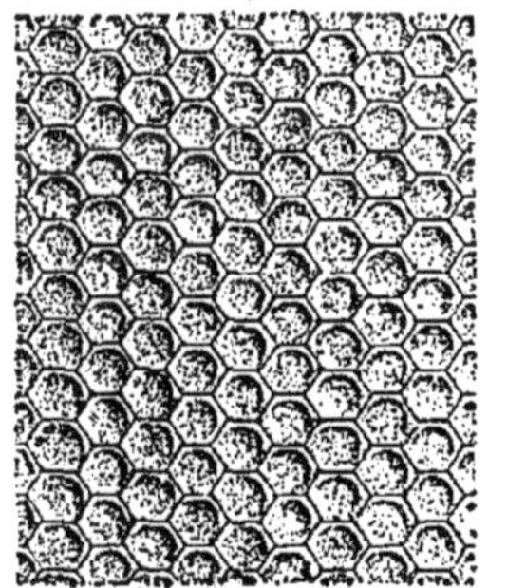

Fig. 7. — Fragment d'œil montrant les facettes (*Deilephila Elpernor*).

Les yeux de notre papillon sont loin d'être mobiles comme les nôtres : ce sont deux fortes lentilles enchâssées de chaque côté du crâne ; mais comme la tête est également immobile, la nature a suppléé à cela en faisant de ces yeux des organes parfaitement complets ; complets à ce point que, sans se remuer aucunement, le papillon peut voir devant, derrière, au-dessus et au-dessous de lui. Et en cela il n'a rien à envier à Argus : à

1. Brehm. *Les insectes.*

l'instar du vigilant gardien de la vache Io, notre insecte possède mille yeux, et même il en possède vingt-six mille, car chacun de ces grands yeux présente treize mille facettes. L'œil de l'insecte se compose d'une énorme quantité de petits yeux représentés chacun par une minime facette hexagonale, visible à la loupe. Chacun de ces yeux, recouvert d'une cornée (cornéule), présente au-dessous une sorte de sclérotique et possède une sorte de cristallin (cône) entouré de pigment faisant fonctions de choroïde et dont l'extrémité est en rapport avec un filet nerveux (rétinule). Tous ces filets nerveux se réunissent pour former une masse nerveuse, ganglion optique, qui se réunit elle-même au cerveau.

La tête peut porter encore des yeux simples, ocelles, stemmates, comme nous le verrons chez les chenilles. Les papillons de jour, sauf une exception (genre Pamphila), sont privés de stemmates; mais les formes nocturnes en possèdent. Chaque stemmate offre la structure d'un des mille yeux du grand œil à facettes. Ce sont également de petits yeux fixes, implantés sur le front, mais difficiles à voir et presque toujours cachés sous ces poils ou ces écailles qui couvrent la tête des papillons.

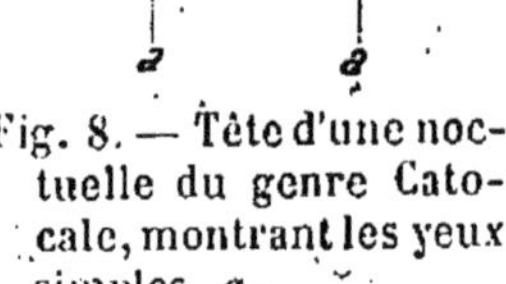

Fig. 8. — Tête d'une noctuelle du genre Catocale, montrant les yeux simples, *a*.

Nous voyons donc dès maintenant ici que ces petits êtres si infimes par rapport à l'importance que nous nous donnons en ce monde, possèdent aussi bien que nous leurs sens, et que chacun de leurs organes est bien plus complet en ses effets qu'aucun des nôtres. Si nous examinons maintenant la bouche du papillon qui nous intéresse, nous y verrons bien des pièces distinctes, quand nous aurons pris la précaution d'enlever avec un pinceau les poils et les écailles qui recouvrent toute la face.

Au-dessus de la trompe enroulée nous remarquons trois petites plaques cornées. Elles sont immobiles et ne font que représenter trois pièces qui, chez les insectes broyeurs, ont une grande importance : ce sont la lèvre supérieure et les mandibules.

La trompe, enroulée, mérite un examen plus approfondi. Avant que de l'examiner, remarquons au-dessous un petit mamelon saillant, portant de chaque côté un long appendice se redressant en avant des yeux. C'est là lèvre inférieure et ses deux palpes labiaux.

Ces deux palpes labiaux, couverts de poils et d'écailles, sont composés de trois articles dont la forme et la dimension éminemment variables sont toujours dans le même rapport entre elles. Le premier article est constamment court et le second plus grand ; le troisième, très-petit chez les papillons diurnes, s'allonge en une très longue pointe chez certains Nocturnes.

Ces palpes atteignent de très-fortes dimensions dans certains genres de Deltoïdes et de Teignes.

La trompe est formée par les mâchoires, très allongées et accolées. — En effet, si on la déroule, on la voit se diviser en deux gouttières qui laissent entre elles un canal par où peuvent passer les liquides pompés par le papillon. Cette trompe possède tout un appareil musculaire destiné à la rouler et à la dérouler, et le sytème nerveux y forme des organes du goût et du toucher.

Bien développée chez les papillons de jour, la trompe acquiert chez les Sphinx des dimensions démesurées, représentant deux et trois fois la longueur du corps. Chez les Noctuelles et les Phalènes elle varie beaucoup, et elle devient rudimentaire chez les Attacus et les Bombyx ; ces derniers papillons, ne prenant point de nourriture, ne vivent par conséquent que le temps juste nécessaire à la reproduction de leur espèce. Un fait très intéressant, signalé par M. Künckel, se remarque chez les *Ophiulères*, papillons nocturnes des tropiques. Chez ces

Hétérocères, la trompe acquiert une grande rigidité et ses bords finement dentelés en scie lui permettent de percer la peau des oranges et des bananes pour aspirer les sucs de ces fruits.

Cette exception est d'autant plus intéressante que tous les autres papillons se contentent de sucer les sucs mielleux sécrétés par les nectaires des fleurs, ou tous les autres liquides sucrés exsudant des végétaux. Les matières également liquides produites par les animaux attirent parfois aussi les Lépidoptères. C'est ainsi que nous voyons les splendides Nymphales et les Mars aux reflets changeants s'abattre sur les bouses humides de vaches ou les flaques d'urine laissées par les bestiaux dans les avenues des forêts. Tout le monde a vu, à l'automne, les Vulcains et d'autres Vanesses se repaître avidement des sucs contenus dans les fruits pourris ou découlant des troncs d'arbres; les Lycènes et les Polyommates viennent sucer l'eau sur la terre humide autour des mares. Quand nous traiterons de la chasse aux papillons, nous mettrons à profit cet amour que leur inspirent les substances sucrées, et nous dresserons des pièges à leur gourmandise.

Demandez aux amateurs de l'entomologie ce qu'ils pensent d'une bonne miellée. Tous seront d'accord pour vous dire que c'est là le seul moyen de prendre en nombre bien des espèces rares, qu'on serait souvent bien embarrassé de se procurer autrement.

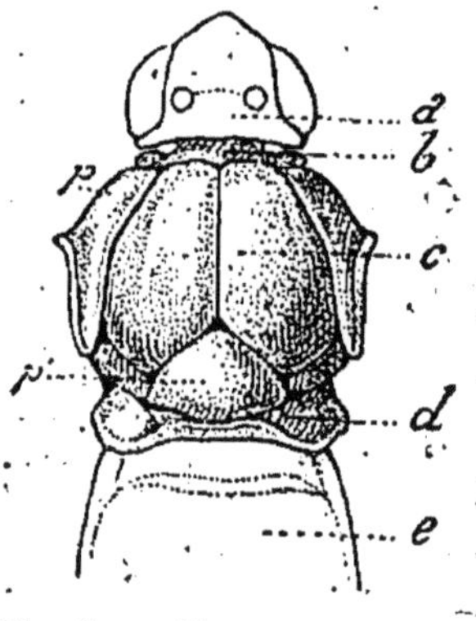

Occupons-nous maintenant de la seconde division du corps: le corselet ou thorax.

Fig. 9. — Thorax en dessus.

a, tête ; *b*, prothorax ou collier; *c*, mésothorax ; *p*, ptérygode; *p'*, écusson; *d*, métathorax; *e*, premier segment abdominal.

Le *thorax* est formé de trois pièces intimement liées entre elles. Chez certains insectes, le hanneton, par exemple, on retrouve assez nettement séparées ces trois parties constitutives : *prothorax* (partie antérieure), *mésothorax* (partie intermédiaire), *métathorax* (partie postérieure). Dans les papillons, ces divers segments sont plus difficiles à différencier.

On peut cependant les reconnaître en regardant les points d'attache des pattes et des ailes.

Le *prothorax* porte attachée en dessous la première paire de pattes.

Le *mésothorax* porte en dessous la seconde paire de pattes et en dessus la première paire d'ailes.

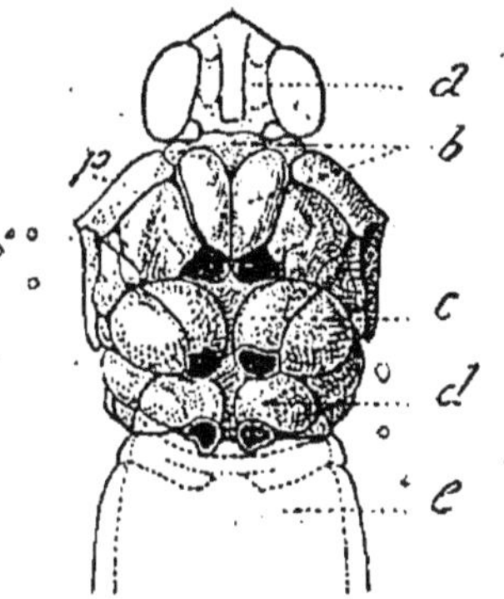

Fig. 9. — Thorax en dessous.

c, tête : b, prothorax ou collier ; a, mésothorax ; p, ptérigode ; p', écusson ; q, métathorax ; d, premier segment abdominal.

Le *métathorax* porte en dessous la troisième paire de pattes et en dessus la seconde paire d'ailes.

On distingue dans chacun de ces segments thoraciques un *tergum* ou partie dorsale et un *sternum* ou partie pectorale. Ou, si l'on préfère, un *pronotum*, *mésonotum*, *métanotum*, pour désigner la région dorsale de chacun des segments, et *prosternum*, *mésosternum* et *métasternum* pour en désigner le dessous.

Le milieu du thorax, considéré en dessus, se nomme le *disque*.

Le prothorax, chez les Papillons, n'est pour ainsi dire pas visible en dessus; il forme en arrière de la tête un mince collier. En dessous, son importance est plus grande, puisque, comme nous l'avons vu, il donne attache à la première paire de pattes.

Le second anneau, ou mésothorax, présente plus d'intérêt. Il est joint au collier par ses bords et se soude avec le métathorax par une suture plus ou moins marquée. Si l'on veut examiner de près les diverses parties constitutives du thorax d'un papillon, il faut le brosser et le débarrasser des écailles et des poils qui le recouvrent et ne permettent de se rendre compte ni du nombre ni des saillies de ses éléments.

Deux pièces symétriques, dont l'importance doit être grande mais dont les fonctions sont mal connues, sont les *ptérygodes* qui recouvrent la base de la première paire d'ailes. Chez les Sphinx, ces appendices sont presque de la longueur du thorax et en recouvrent une partie.

Ces ptérygodes, nommés vulgairement épaulettes, sont immobiles chez les insectes *Hyménoptères*, mais deviennent mobiles chez les *Lépidoptères*, sans que pour cela leur usage en soit mieux connu : « L'usage de ces paraptères modifiés n'est pas encore suffisamment déterminé, mais il est probable qu'ils ont quelque rapport avec la respiration et le vol. Certains Lépidoptères nocturnes exotiques, lorsqu'on les tient avec les doigts, font sortir de dessous leurs ptérygodes, avec un léger sifflement, une grande quantité de matière écumeuse dont le volume égale quelquefois celui du mésothorax tout entier. Cette matière sort-elle des stigmates ou d'ouvertures spéciales appropriées à cet usage ? C'est ce que l'observation n'a pas encore fait connaître d'une manière précise.... Ils envahissent souvent la majeure partie du mésothorax en dessus et la base entière de l'aile.... Leur usage est sans doute d'agir, comme une espèce de ressort, sur les ailes, pendant le vol. » (Lacordaire.)

La troisième partie du thorax, celle qui porte la seconde paire d'ailes et la troisième paire de pattes, est terminée par une pièce triangulaire nommée *scutum* ou *écusson*. Mais, ainsi que nous l'avons dit, dans la pratique ces diverses parties du thorax sont soudées chez les Papillons en un corselet homogène recouvert de poils toujours très serrés chez les nocturnes, parfois présentant un disque glabre chez les diurnes.

Ce qui fait l'importance extrême du thorax, c'est qu'il

est le centre de l'activité locomotrice : c'est de lui que partent les pattes et les ailes, et c'est dans son intérieur qu'il faut rechercher les appareils musculaires puissants qui donnent le mouvement à ces appendices.

Nous voyons que ces appendices sont de deux ordres et que les uns sont destinés au vol, les autres à la marche ; commençons donc par les ailes, car « le vol est la poésie du mouvement » et ces infimes créatures possèdent, dans leur faiblesse apparente, un privilège que nous ne cessons de leur envier. Qui d'entre nous n'a souhaité, en quelque heure de rêverie, posséder les ailes du papillon pour s'élancer, nouvel Icare, vers un horizon infini !

Chez les Papillons, les ailes acquièrent une très grande importance, et leur grande disproportion avec le volume du corps n'est pas ce qui contribue le moins à donner à ces insectes un vol inégal et saccadé.

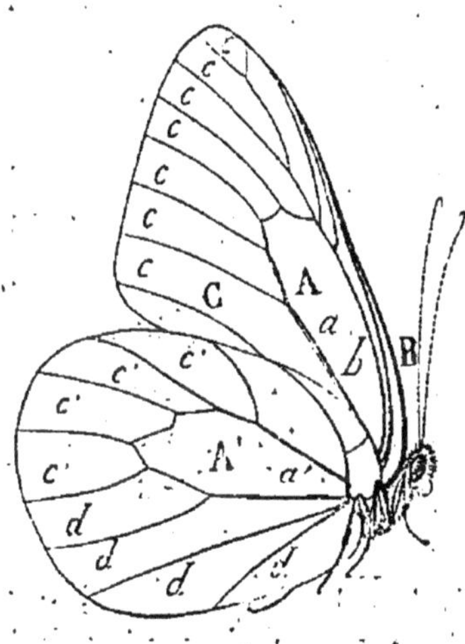

Fig. 11. — Piéris (*Leuconia Cratægi*).

AA', cellules discoïdales ; *B*, nervure costale ; *b*, nervure sous-costale ; *C*, cellule radiale limitée inférieurement par la nervure radiale ou sous-médiane ; *cc'*, cellules marginales limitées par les nervures ; *d*, nervures marginales internes.

Elles sont toujours au nombre de quatre et toujours bien développées, sauf dans les cas, assez rares, où les femelles ne possèdent que des moignons d'ailes (*Orgya*, *Nyssia*, *Heterogynnis*, *Trichosoma*), ou sont complètement aptères (*Psyche*).

Les ailes supérieures ou de la première paire sont beaucoup plus développées que celles de la seconde paire ou inférieures. Nous verrons par la suite que leur importance est beaucoup plus grande comme organes du vol.

L'aile d'un papillon représente une lame membraneuse renforcée par des côtes plus épaisses qui la soutiennent de distance en distance et que l'on nomme *nervures*. Cette lame se compose de deux membranes transparentes unies par leurs bords d'une façon intime et appliquées l'une contre l'autre sur toute leur surface, parcourue par ces lignes saillantes, empruntant leur solidité à la chitine dont elles sont formées. Ces nervures sont des canaux interposés entre les deux membranes; toujours disposées d'une manière absolument régulière suivant les familles et les genres, ces nervures donnent des caractères importants pour la classification. Dans leur intérieur se trouvent des trachées, organes de respiration sur lesquels nous aurons à revenir.

Dans la pratique, si l'on veut se rendre compte de la structure de l'aile d'un papillon, il faut la brosser, la débarrasser de ce pollen, de cette poussière brillante qui la recouvre et lui donne ce velouté, ce coloris que nous nous plaisons à admirer. Cette opération menée à bien tant en dessus qu'en dessous, on se rendra compte de la structure de l'aile et de la disposition de ses nervures. La figure 11 et sa légende nous éviteront d'entrer dans la description de ces nervures, on y trouvera la nomenclature le plus généralement adoptée.

Fig. 12. — Vanessa C album, exemple de papillon à ailes dentelées.

On pourra aussi se rendre compte, d'après cette figure, des modifications que subissent les nervures de l'aile inférieure. Celle-ci, comme forme générale, est toujours plus arrondie que l'aile supérieure, et nous voyons dans la majorité des cas cette dernière affecter une forme triangulaire. Les ailes sont tantôt arrondies de contour, tantôt échancrées, dentelées, et les inférieures s'allongent parfois en longue queue s'enroulant en certains cas sur elle-même (*Leptocircus*, *Nyctalemon*, *Patrocles*). Le bord interne des ailes inférieures forme dans certains papillons de jour une vaste gouttière soyeuse où repose l'abdomen et où il peut se dissimuler complètement quand les ailes sont relevées.

Ces découpures des ailes s'exagèrent dans les dernières familles des Lépidoptères. Chez les *Ornéodes* et les *Ptérophores* les ailes ne sont plus composées que de lanières plumeuses rendant assez bien l'aspect d'un éventail déchiré.

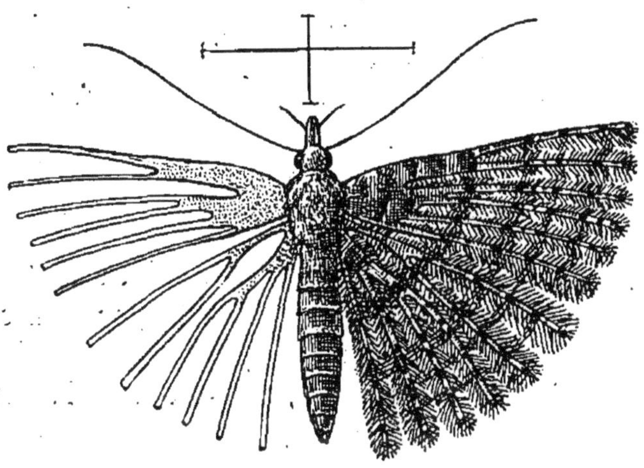

Fig. 13. — Ornéode. Une des ailes a été débarrassée de ses écailles. La croix au-dessus indique la grandeur naturelle de l'insecte.

Les ailes sont toujours bordées d'une frange formée de poils très serrés et participant de la nature des écailles dont nous allons parler.

Les vieux auteurs qui ont nommé les papillons « insectes à ailes farineuses » n'étaient pas plus dans le vrai que notre grand poète lorsqu'il a dit : « Le papillon est un pastel... »

Le brillant velouté de l'aile est dû à la présence d'une

infinité de petites écailles qui la recouvrent en son entier. Cependant elles manquent par places chez certains papillons à taches vitrées (*Attacus*), ou complètement chez d'autres (Sésies et autres espèces à ailes transparentes). Toutefois, chez ces derniers papillons, les écailles existent au moment de l'éclosion, mais elles tombent au bout de quelques instants, dès que l'insecte a commencé à voler.

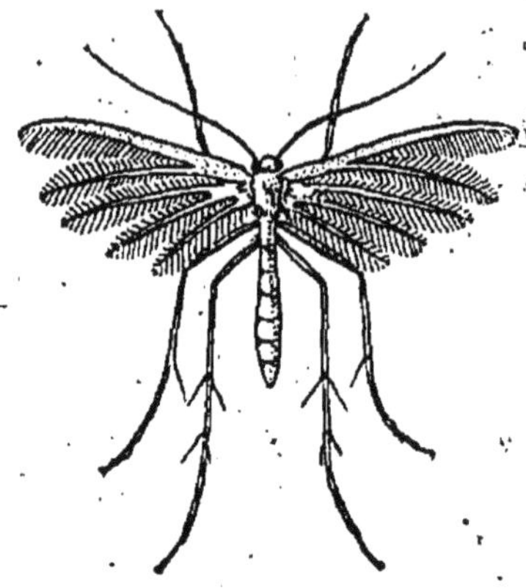

Fig. 14. — Ptérophore.

Ces écailles sont de formes très variables ; nous en reproduisons quelques-unes. Cependant elles affectent généralement la forme d'une petite pelle, et le manche de cette pelle est un petit onglet corné qui s'implante dans un tuyau situé sur la membrane de l'aile. Rangées sur cette membrane suivant un ordre régulier, les écailles se recouvrent à la façon des tuiles d'un toit. Cette disposition est tantôt serrée, tantôt plus ou moins lâche, et cet arrangement, se joignant aux différences de taille, de forme et de couleur que présentent les écailles, suivant les espèces de papillons, produit des dessins et des nuances variés à l'infini. Grâce à ces dispositions, les nuances les plus tranchées se fondent har-

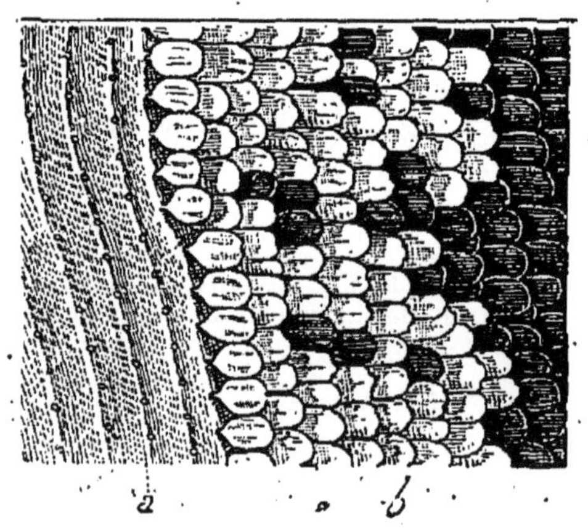

Fig. 15.

a, membrane de l'aile montrant l'insertion des écailles qui ont été enlevées ; *b*, écailles en place.

monieusement et donnent lieu à ces peintures, ces émaux admirables dont brillent les splendides espèces tropicales que nous admirons dans les collections. En dehors de leur beauté, ces dessins des ailes fournissent de bons caractères pour distinguer les genres, ainsi que

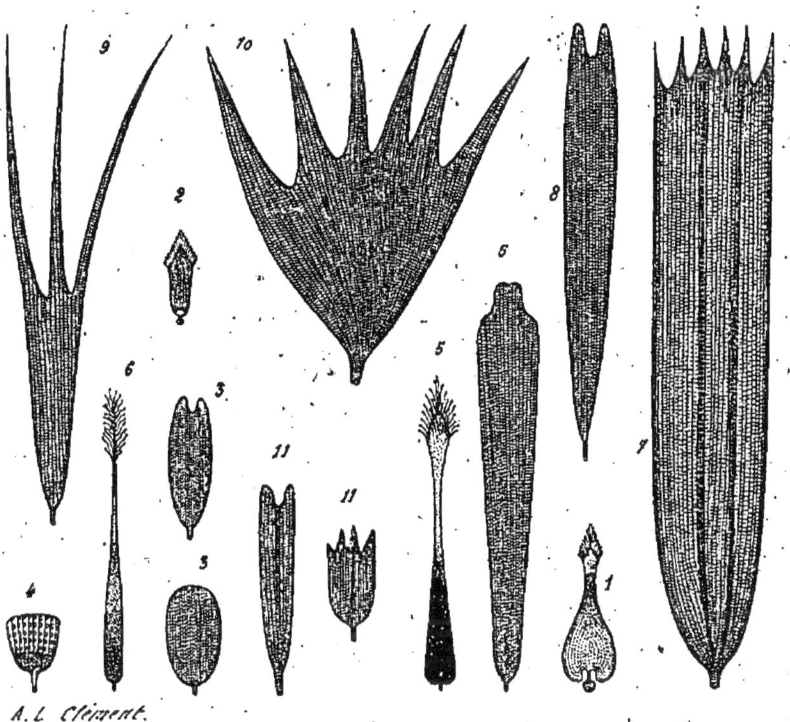

Fig. 16. — Écailles des ailes.

1, *Pieris rapæ*; 2, *Pieris dapplidice*; 3, *Anthocaris cardamines*; 4, *Lycena argiolus*; 5, *Argynnis paphia*; 6, *Satyrus mœra*; 7, *Macroglossa stellatarum*; 8, *Arctia villica*; 9, *Attacus cynthia*; 10, *Saturnia pyri*; 11, *Sphinx ligustri*.

le dit fort bien M. Maurice Girard : « Certaines couleurs de fond, des dispositions analogues des lignes foncées, des taches qui restent constantes dans un grand nombre d'espèces, permettent de reconnaître, par l'inspection d'une seule aile, le groupe plus ou moins étendu auquel appartient le papillon. Cependant, comme la nature ne procède jamais par voies exclusives, il y a des genres très distincts, qu'on serait porté à confondre au premier abord par la disposition des couleurs et des ailes. »

Si l'on considère les ailes des Papillons comme organes de vol, on remarquera des différences très grandes entre l'importance des ailes supérieures et celle des ailes inférieures. Le rôle de celles-ci est loin d'être aussi utile que celui des premières, et l'on peut couper, chez beaucoup de papillons, cette paire d'ailes près de la base, sans que pour cela le vol soit empêché. « On peut impunément rogner, tailler, mutiler la région postérieure membraneuse de l'aile, mais il est interdit de supprimer et même de léser le bord intérieur rigide, les nervures costales et sous-costales jouant absolument le même rôle que la membrane antérieure du cerf-volant; l'enfant ne sait-il pas par expérience que la destruction ou même la rupture de cette membrane empêche son jouet de s'élever dans les airs? » (Künckel.)

Chez les Papillons, les deux paires d'ailes sont reliées l'une à l'autre et obligées d'agir ensemble; cela tient d'abord à ce que ces insectes n'ont qu'un seul système de muscles pour faire agir les quatre ailes. En outre, chez beaucoup de Nocturnes et de Sphingiens la solidarité des deux ailes de la même paire est assurée par un appareil nommé frein. C'est, dit M. Blanchard, « une portion de la nervure costale de l'aile postérieure qui s'isole sous la forme d'un crin très raide, et s'engage dans un petit anneau de l'aile antérieure qui repose sur la grosse nervure costale. »

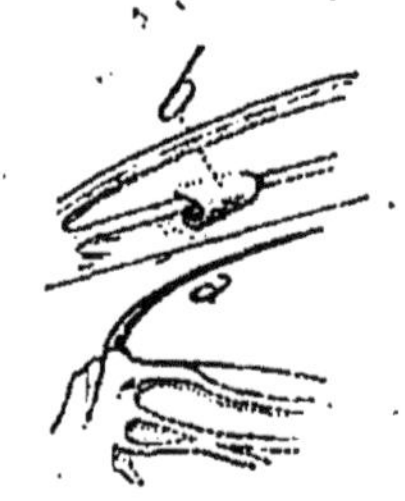

Fig. 17. — Système du frein.

b, anneau dans lequel s'engage le frein; *a*, le frein.

Mais l'utilité de cet appareil est loin d'avoir l'importance que certains auteurs se sont complu à lui attribuer; on peut très bien supprimer ce frein sans que pour cela le vol en soit empêché. Les papillons qui le possèdent ont la faculté de faire rentrer ce frein dans l'anneau lorsqu'une cause quelconque vient à l'en faire sortir. Le crin qui le forme est souvent simple, mais il peut être double, ou formé d'un faisceau de crins; dans ce dernier cas il est terminé par une houppe de poils, sorte de pinceau qui s'oppose à sa sortie de l'anneau dans lequel il est engagé.

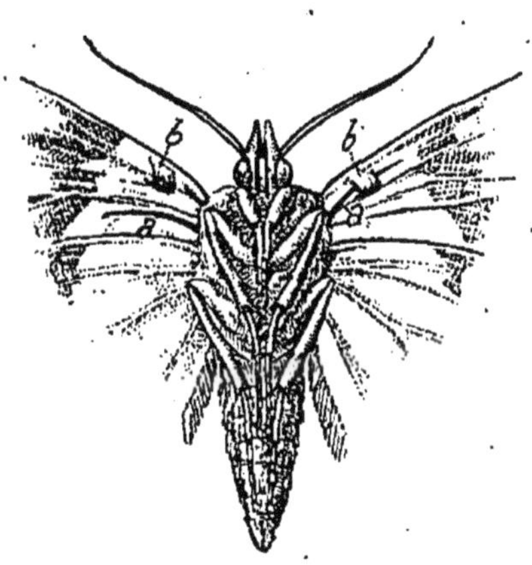

Fig. 18. — Frein en place (*Catocala elocata*).

a, frein ; *b*, anneau.

Chez d'autres papillons les ailes supérieures portent à la partie interne de leur bord inférieur un rebord dans lequel vient s'emboiter le bord supérieur de la seconde aile.

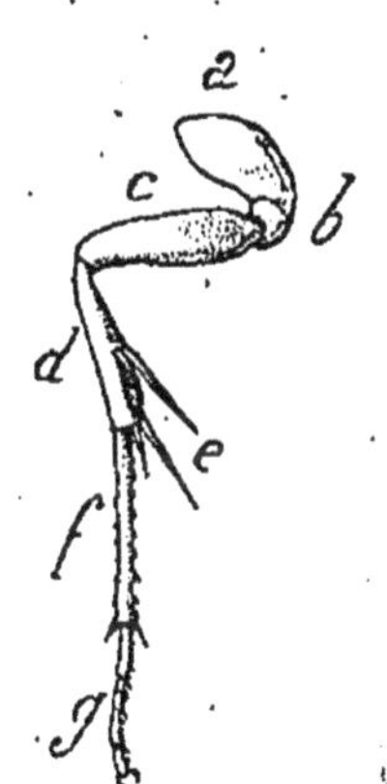

Fig. 19. — Patte d'un papillon.

a, hanche; *b*, trochanter; *c*, cuisse ou fémur; *d*; jambe ou tibia; *e*, éperon; *f*, premier article du tarse; *g*, dernier article du tarse.

Nous n'avons pas ici à entrer dans des détails arides sur le mécanisme du vol. Il nous suffira de dire que les ailes agissent comme de véritables rames. MM. Marey et Pettigrew sont d'accord pour dire que le tracé exact décrit par l'extension des ailes correspond à une courbe croisée en forme de 8. C'est surtout chez les Sphinx que les mouvements de l'aile sont nombreux. L'on voit souvent ces papillons planer sans changer de place à côté d'une fleur dans laquelle leur longue trompe déliée est occupée à pomper le miel.

Les autres appendices dépendant du thorax et affectés à la locomotion sont les pattes. Suivant leur position, on les nomme : pattes antérieures, intermédiaires et postérieures. Nous avons vu que chaque paire est attachée à un des segments thoraciques.

Chaque patte se compose de cinq parties, qui sont, en allant du point d'attache à l'extrémité : la *hanche*, le *trochanter*, le *fémur*, le *tibia* et le *tarse*.

La hanche est la portion qui s'articule directement dans une cavité thoracique; elle affecte chez les Papillons une forme généralement allongée. Le trochanter, pièce toujours beaucoup plus petite, unit la cuisse ou fémur à la hanche.

Le fémur est allongé et en général robuste, son extrémité ne porte que rarement des épines; tandis que le tibia, qui lui fait suite, en porte fort souvent, surtout chez les mâles. Certaines espèces de Teignes et de Ptérophores ont plusieurs éperons très longs aux pattes postérieures.

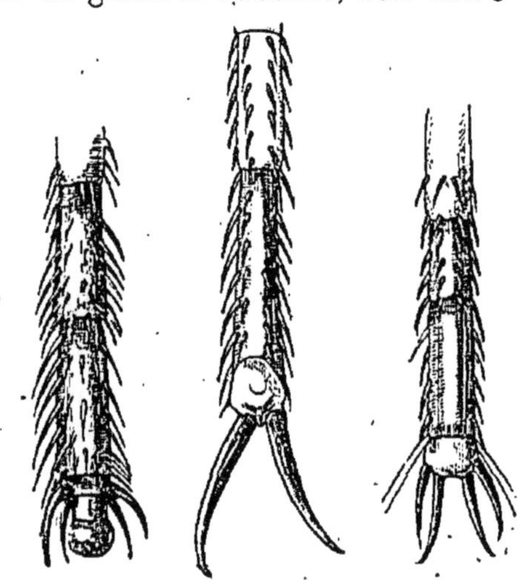

Fig. 20. — Extrémités des tarses de divers papillons.

1, Heliconia apseudes; 2, Papilio machaon; 3, Vanessa Io.

Le tarse est composé de plusieurs articles, plus ou moins longs, plus ou moins grêles, ajustés bout à bout; le dernier porte des crochets. Presque toujours au nombre de cinq, ces articles peuvent cependant être moins nombreux, ce qui arrive chez les Rhopalocères ou Diurnes Tétrapodes.

Ce nom de tétrapodes (à quatre pieds) a été donné à certains papillons de jour qui paraissent, en effet, ne posséder que deux paires de pattes. Cet aspect provient de la position des pattes antérieures qui se sont atrophiées et repliées en avant, sous la tête. Souvent alors elles présentent des tarses rudimentaires et sont dépourvues de crochets. On donne à ces pattes, ainsi modifiées, le nom de *pattes en palatine*, tant à cause de leur position que de la fourrure serrée qui les recouvre.

Les pattes des Papillons sont en général recouvertes de poils, surtout dans leur partie supérieure ; et elles se dissimulent dans le duvet épais et serré qui recouvre en général la poitrine. Du reste, ces pattes sont toujours grêles par rapport au corps de l'insecte, et cette faiblesse provient du peu d'importance de leur usage. Les Papillons ne marchent presque jamais ; à peine se servent-ils de leurs pattes pour se poser sur une fleur ou sur une feuille, le long d'un arbre ou au bord d'un chemin. Les petits crochets qui terminent leurs tarses leur servent merveilleusement à se cramponner après les surfaces, même presque lisses, selon un plan vertical ou complètement renversé. C'est en général dans cette position qu'ils se livrent au sommeil, à moins qu'ils ne se dissimulent entre les gerçures des écorces, sous le chaperon d'un mur, ou en toute autre retraite.

Fig. 21. — Patte en palatine.

L'abdomen représente la troisième partie du corps et son volume la rend de beaucoup la plus importante. Il est toujours arrondi, plus ou moins comprimé sur les côtés ; chez les Sphinx il devient conique, dans d'autres familles il est pyriforme, en massue vers l'extrémité. Toujours sessile, il s'attache au métathorax par toute la largeur du diamètre de sa base. Il est formé de dix anneaux, dont sept seulement sont appréciables, les autres étant rentrés à l'intérieur et ayant servi à former certains organes. Il se présente ordinairement sous l'aspect d'un corps feutré, recouvert d'une fourrure serrée. L'importance de ce revêtement varie suivant les familles : chez les Nocturnes et les Sphinx le système pileux est très développé.

Chaque segment abdominal est formé de deux arceaux cornés ; le supérieur se nomme *tergite*, l'inférieur *sternite*. Les tergites sont presque toujours beaucoup plus larges que les sternites et les recouvrent par conséquent sur les côtés. Réunis l'un à l'autre par une membrane élastique,

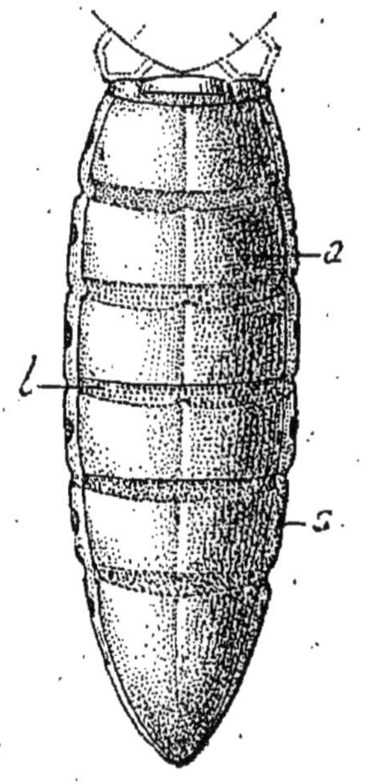

Fig. 22. — Abdomen d'un papillon (*Sphinx ligustri*) vu en dessus.

a.a, un anneau ou tergite ; *b*, membrane unissant le tergite au sternite.

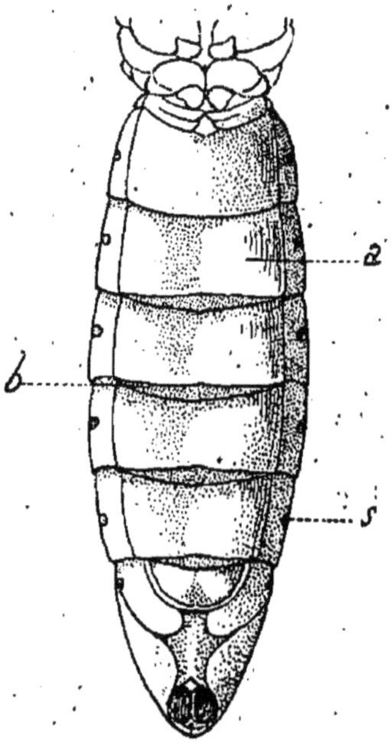

Fig. 23. — Abdomen d'un papillon (*Sphinx ligustri*) vu en dessous.

a.a, sternites ; *b*, membrane interarticulaire ; *s*, stigmate, ou orifice respiratoire.

ces arceaux peuvent s'éloigner l'un de l'autre et permettent à l'abdomen une grande dilatation, soit pour les mouvements respiratoires soit pour l'accumulation des œufs dans le corps de la femelle. Cette disposition des arceaux forme, surtout chez les *Sphinx* et les *Bombyciens*, une gouttière de chaque côté de l'abdomen, en dessous. Chez les Lépidoptères diurnes ou Rhopalocères, au contraire, les arceaux sont plus intimement soudés entre eux, et par suite beaucoup moins mobiles. Chaque anneau abdominal porte un stigmate, petite ouverture entourée d'une boutonnière cornée, située sur la membrane unissant les deux arceaux et destinée à la respiration. Il est bon toutefois de noter ici que le mésothorax et le métathorax sont les seuls segments qui en soient souvent dépourvus. Cette disposition avait attiré l'attention de plusieurs naturalistes qui, soucieux de retrouver dans les ailes des insectes une origine morphologique admissible, et qui, frappés de ce que les anneaux portant ces appendices étaient dépourvus de stigmates, n'hésitèrent pas à en conclure que les ailes étaient des trachées modifiées, échappées au dehors par les stigmates.

Le dernier anneau de l'abdomen présente un enfoncement longitudinal où débouchent l'anus et les organes de la génération. Chez la femelle l'oviducte se modifie souvent en une tarière qui sert à déposer les œufs dans les fentes des écorces, les trous ou même dans l'intérieur des tissus végétaux.

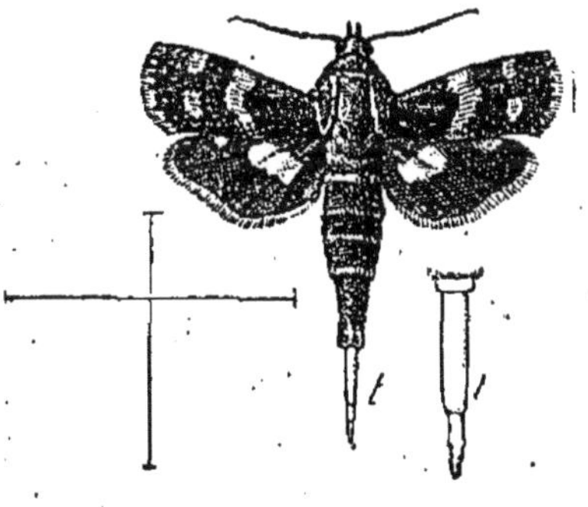

Fig. 21. — Exemple de tarière chez un papillon nocturne femelle (*Chimæra pumila*).

t, tarière grossie.

Ces tarières se nomment *oviscaptes*. Chez certains Bombyciens, le *Liparis chrysorrhea*, par exemple, la femelle se sert de son oviscapte pour enlever après la ponte les poils dorés qui ornent l'extrémité de son abdomen, et elle recouvre sa ponte de ce tissu chaud et feutré. Ces tarières sont rétractiles et ne sortent de l'abdomen qu'à la volonté de l'insecte; ainsi, chez les Zeuzera, où elles sont saillantes et pointues, pour permettre la ponte dans le bois. Il en est de même de certaines Noctuelles (*Dian-*

thæcia) qui déposent leurs œufs dans les corolles des œillets ou des Saponaires.

Chez les Parnassiens du genre Parnassius, on remarque à l'extrémité de l'abdomen une poche arrondie et solide, de consistance cornée, dont l'usage est encore inconnu. Certaines Danaïdes de l'Inde font sortir de la même partie de leur corps, lorsqu'on les saisit, un admirable faisceau de poils dorés, formant une houppe radieuse et splendide.

L'abdomen est toujours atténué à son extrémité, notamment chez les Sphinx, où il affecte une forme très conique. Chez les *Macroglosses* il est orné postérieurement d'une brosse de poils assez longs, rappelant un peu par sa forme une queue d'oiseau.

Fig. 25. — Appareil musical de l'Écaille pudique (*Chelonia pudica*).

a, l'appareil musical

Les Papillons, comme tous les Articulés, sont muets. Quelques-uns d'entre eux, cependant, ont la faculté de produire des sons au moyen de petits appareils ressemblant à des tambours; ce sont, comme le dit M. Girard, de vrais papillons timbaliers. Deux papillons nocturnes du midi de la France, *Setina aurita* et *Chelonia pudica*, sont depuis longtemps connus pour la petite musique qu'ils produisent. Leur appareil musical est situé sur le métathorax.

On remarque sur cet anneau thoracique une membrane blanche, sèche, de forme triangulaire, formant tympan au-dessus d'une cavité remplie d'air, sans communication aucune avec l'extérieur. Cette petite caisse sonore résonne sous les coups répétés des cuisses postérieures ou sous la pression des genoux. Les bruits produits rappellent assez le tic-tac d'une montre chez les *Setina*, et de Villers dit que la Chelonia pudica imite ainsi le bruit du métier d'un fabricant de bas. Chez ces papillons, les appareils musicaux sont plus développés chez les mâles que chez les femelles.

Mais le papillon qui pousse un véritable cri plaintif, c'est ce grand Sphinx auquel sa livrée bizarre a donné une si lugubre célébrité lors d'une épidémie en Bretagne au siècle dernier. L'*Acherontia Atropos* ou Sphinx tête-de-mort a la propriété d'émettre un son très aigu. On a longtemps discuté sur la nature de ce son et sur le siège de sa production. M. le Dr Laboulbène est d'avis que notre Acherontia produit ce son lugubre grâce à un

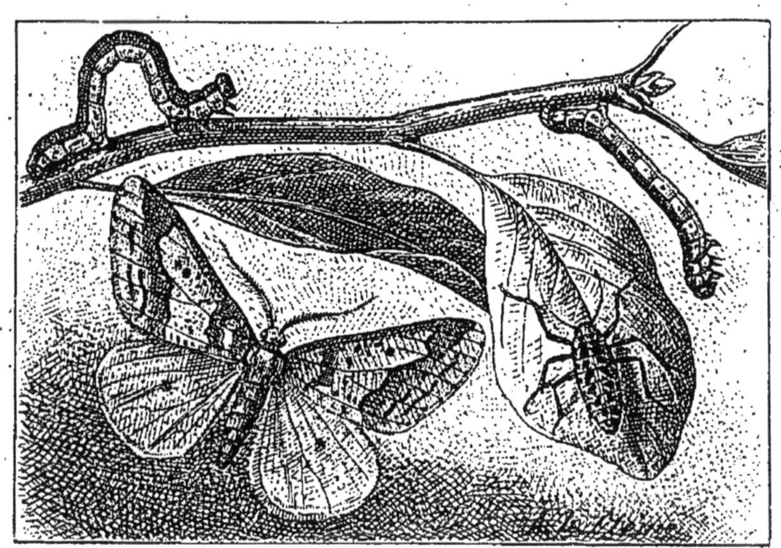

Fig. 26. — Hibernia defoliaria, femelle aptère.

petit appareil situé à la base de l'abdomen. On remarque en effet de chaque côté de cet anneau abdominal une fente d'où sort un éventail de poils, lorsque le Sphinx pousse son cri. Il y a au fond de cette fente une membrane tendue qui vibrerait sous l'effet de contractions musculaires.

Les caractères que présentent les Papillons, suivant leur sexe, sont de différente nature. Chez certains, il est difficile à première vue de reconnaître les mâles des femelles; chez d'autres, au contraire, les différences sautent aux yeux les moins expérimentés; chez d'autres encore, les femelles sont complètement aptères. Telles sont celles des *Hibernia defoliaria*, *Anisopteryx æscularia*. Celles des *Psyche* sont même semblables à des larves et passent leur vie dans des fourreaux. Chez d'autres espèces, les femelles n'ont que des moignons d'ailes, comme nous le voyons pour le *Trichosoma corsicum*, les *Orgya*, les *Hibernia*, *Cheimatobia* et certaines Tinéites. En général, ces différences sont moins

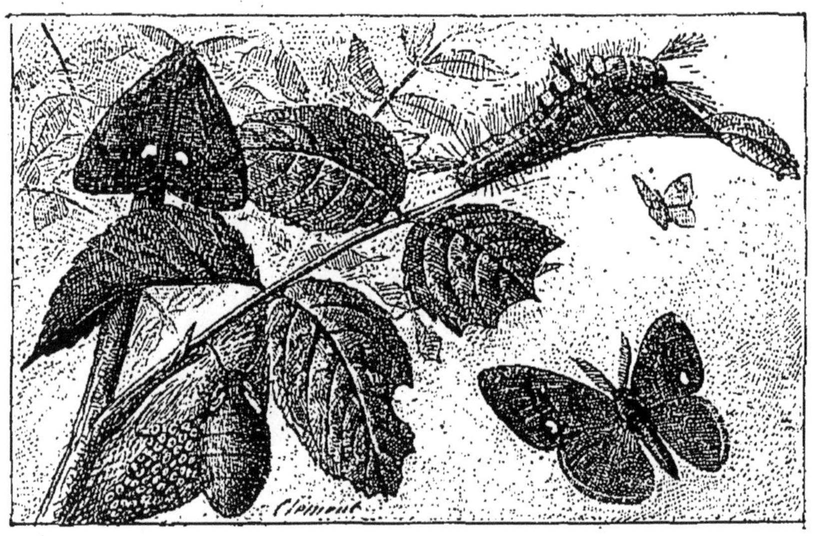

Fig. 27. — Orgya antiqua, mâle ailé et feme leaptère.

sensibles; cependant nous voyons chez beaucoup de papillons les prolongements des ailes inférieures beaucoup plus grands chez les mâles que chez les femelles. En outre, chez les Bombyciens, les antennes des mâles sont toujours plus vastes, plus pectinées que celles de la femelle. Les mâles des *Saturnia*, des *Idea*, des *Leptalis* ont les ailes supérieures rétrécies et falquées à leur extrémité, qui est arrondie chez les femelles. On remarque encore des différences de forme dans les ailes des *Euplœa*, et nous voyons chez les *Rhodocera* mâles une disposition spéciale du bord antérieur de l'aile inférieure.

Les mâles de certaines Géomètres (Lobophora) ont les ailes inférieures garnies d'un lobe membraneux et velu qui adhère à la base de l'aile et repose à plat sur elle, sans y adhérer. Chez une Noctuelle (*Mamestra fovea*), les ailes inférieures du mâle sont munies d'une sorte de poche ouverte, formant une saillie en dessous.

Comme nous l'avons vu, les femelles des *Parnassius* possèdent à l'extrémité de leur abdomen une poche cornée. Chez certains *Papilio* exotiques, les femelles diffèrent tellement des mâles qu'on les avait séparés dans des espèces distinctes.

Fig. 28. — Poche cornée de l'abdomen d'un Parnassien (*Parnassius Mnemosyne*).

Les différences de couleur sont parfois très grandes suivant les sexes. Ainsi le mâle du *Bombyx quercûs* est couleur chocolat, avec une bande jaune, et la femelle est complètement jaune d'ocre clair. Les splendides *Morpho*, dont les mâles brillent d'un éclat métallique, ont des femelles à livrée sombre, d'un brun foncé. Il en

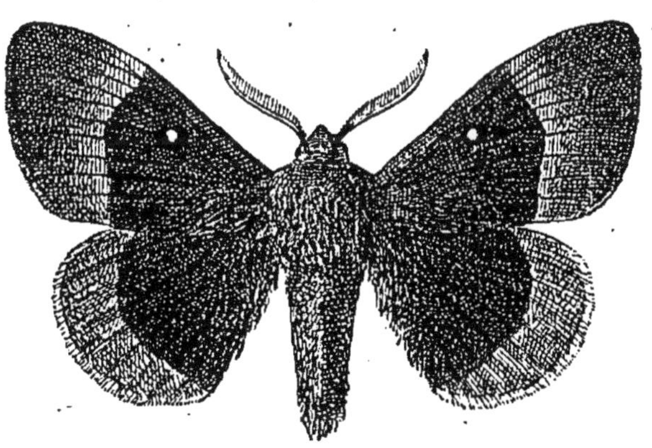

Fig. 29. — Bombyx du chêne (*Bombyx quercûs*), mâle.

est de même pour beaucoup de nos *Lycénides*, pour les Mars de nos bois, pour les *Thecla*. On remarque quelquefois chez les *Lycena* des femelles revêtues des couleurs du mâle (aberration dite *maris colore*).

Des différences aussi tranchées existent chez des *Satyres*. Le *S. Phryne* de la Russie méridionale est brun, tandis que sa femelle est blanche. Noir chez la *Chelonia mendica*, dont la femelle est blanche, le mâle est d'un brun foncé, varié de gris chez l'*Ocneria dispar*, dont la femelle tire au blanc sale, légèrement ocré.

Les différences de taille sont très appréciables chez cette dernière espèce, où la femelle est beaucoup plus grande. C'est d'ailleurs un caractère commun à la grande masse des *Bombyciens*. Chez les *Papilio* et les *Pieris* ainsi

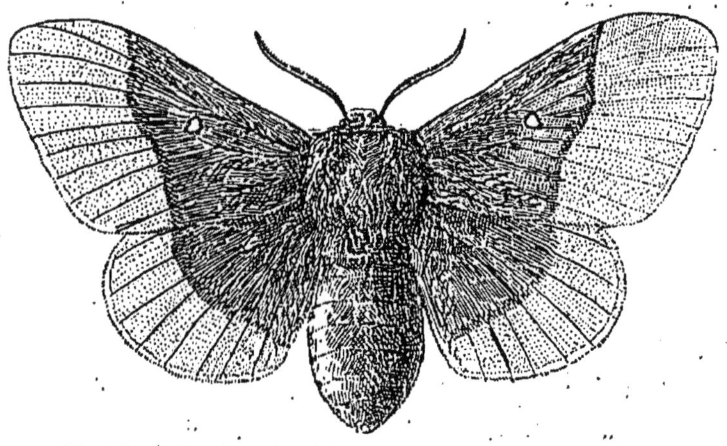

Fig. 30. — Bombyx du chêne (*Bombyx quercûs*), femelle.

que chez les *Argynnis*, les mâles sont plus petits que les femelles; et l'on peut dire que, suivant une règle générale, les mâles sont toujours de moindre taille, mais d'une coloration plus riche.

La classification des Lépidoptères n'est point sans présenter de difficultés. Pendant longtemps on s'était contenté de répartir les nombreuses formes de papillons dans trois grands groupes où ils venaient se placer tant bien que mal.

C'étaient les *Diurnes* ou Papillons de jour,

Les *Crépusculaires*,

Les *Nocturnes*.

Cette classification, basée sur le genre de vie des êtres qu'elle avait la prétention de diviser en catégories naturelles, avait ses bons et ses mauvais côtés. Possible pour les *Diurnes*, elle devenait bizarre pour les *Crépusculaires*, dont elle formait une sorte de règle remplie d'exceptions. Quant aux *Nocturnes*, il y avait un grand nombre d'espèces toutes prêtes à témoigner, par leurs allures de plein soleil, contre les procédés artificiels de cette classification un peu *administrative*, suivant un mot heureux d'un spirituel professeur du Muséum[1].

En effet, si, parmi les *Diurnes*, il n'en est que fort peu à continuer leurs ébats après le soleil couché, nous voyons dans les *Crépusculaires* une foule d'espèces voler en plein soleil. Les *Zygènes* ou Sphinx béliers, les *Procris* couleur émeraude fréquentent les prairies aux heures les plus chaudes du jour, tandis que les *Sesia* et les *Trochilium* tournent autour des saules ou des autres arbres, dont leurs chenilles minent le bois. Les *Thyris fenestrina* butinent sur les fleurs du Troène, et les Macroglosses bourdonnent en planant sur les Petunia et les Bugles. Parmi les Nocturnes, nous voyons en plein jour le *Bombyx quercûs* couper dans son vol rapide et saccadé les avenues des bois à la recherche de sa femelle ; il en est de même des *Bombyx rubi, Aglia tau, Endromis versicolor, Liparis (Ocneria) dispar*.

Un assez grand nombre de *Lithosides*, certaines *Écailles* et *Callimorphes, Nemeophila plantaginis, Euchelia Jacobeæ, Callimorpha dominula*, se prennent au milieu du jour et dans les endroits les moins ombragés. Beaucoup de Noctuelles, *Plusia gamma, Acontia solaris, A. luctuosa, Heliotis dipsacea, Agrophila sulfurea*, ont les mêmes habitudes.

De grand matin l'on voit, dans les allées humides des bois, les *Brephos* en train de sucer la terre humide ; elles

1. *Cours de malacologie*, janvier 1886, par M. Ed. Perrier.

s'envolent allègrement lorsque le soleil de midi vient les échauffer de ses rayons.

Les *Catocala* ou Lichénées, les *Euclidia*, sont également diurnes, et beaucoup d'autres *Noctuelles*, semblables en cela à tant de *Géomètres*, s'enfuient à tire-d'aile dès qu'on approche des haies ou des halliers qui leur servent de retraite et où elles se tiennent immobiles tant qu'on ne vient pas les troubler.

Beaucoup de *Phalènes* volent en plein jour dans les cépées et certaines *Tordeuses* tourbillonnent en essaims nombreux autour des arbres des forêts; tandis que de petites *Teignes* circulent avec rapidité au milieu des buissons le long desquels montent et descendent sans cesse, se jouant comme des escarboucles dans un rayon de soleil, les charmantes *Adèles*.

M. Blanchard a proposé jadis une classification basée sur la présence ou l'absence du frein reliant les ailes supérieures et inférieures, et divisait d'après ce caractère les Lépidoptères en *Achalinoptères* (ailes sans frein), anciens Diurnes, et en *Chalinoptères* (ailes munies d'un frein), Crépusculaires et Nocturnes. Ce système n'a pas été généralement adopté.

La classification la plus usuelle subdivise les Lépidoptères en deux grands groupes, d'après la forme de leurs antennes, *Rhopalocères* et *Hétérocères*.

Les premiers ont été ainsi nommés par C. Duméril, parce que leurs antennes sont terminées par un bouton qui leur donne la forme d'une massue (ῥοπαλον-κέρας); ils renferment tous les Diurnes. Les seconds ont été appelés *Hétérocères* par Boisduval, à cause des formes variées qu'affectent leurs antennes (ἕτέρος-κέρας), formes éminemment diverses. Dans les *Hétérocères* se sont réunis les Crépusculaires et les Nocturnes.

Un troisième groupe est celui des *Microlépidoptères*, dans lequel viennent prendre place toutes les *Tinéites* et autres petits Lépidoptères voisins.

Voici la classification la plus généralement adoptée, avec la subdivision en principaux groupes. Nous donnerons, quand nous décrirons les espèces, les caractères distinctifs de ces divisions.

RHOPALOCÈRES

Papilionides. — Héliconides. — Danaïdes. — Piérides. — Nymphalides. — Satyrides. — Lycénides. — Hespérides.

HÉTÉROCÈRES

Sphingides. — Bombycides. — Noctuides. — Géomètres.

MICROLÉPIDOPTÈRES

Pyralides. — Tortricides. — Tinéides. — Ptérophorides.

CHAPITRE II

Métamorphoses. — Œuf. — Parthénogenèse. — Développement. — Les trois états, chenille, chrysalide et adulte. — État larvaire. — Description sommaire de la chenille. — Systèmes tégumentaire, — appendiculaire. — Filières. — Sécrétions. — Poils urticants. — Nymphose. — Chrysalides. — Caractères qu'elles ont donnés pour la classification. — Cocons. — Soie. — Éclosion. — Pluie de sang. — Différences anatomiques entre la chenille et l'adulte.

« Voyez le papillon : c'est moins un animal à part que la floraison d'un autre animal. Le papillon est un âge du vermisseau comme la fleur est un moment passager de la plante. Une créature peu douée en apparence, peu riche de vie et de conscience, condamnée, vous le diriez, à ne représenter, dans la nature, que la laide et pâle existence, à faire nombre et à remplir un des vides de l'échelle infinie, s'éveille tout à coup. L'insecte lourd et rampant devient ailé, idéal ; sa vie est tout aérienne ; être de terre, pétri de grossières humeurs, il devient hôte de l'air et fils du jour. Qui a fait cette merveille ? L'amour. — Le papillon, c'est la période d'amour. N'admirez plus s'il étend ainsi ses ailes, s'il caresse toute fleur, s'il poursuit çà et là son joyeux caprice. Tout est d'or à ses yeux, tout nage pour lui dans cette atmosphère embrasée qui fait la beauté des choses. Heureux être ! il s'épanouit à son heure, il rejette sa lourde robe de bure ; il s'enivre, il mène durant quelques moments la plus céleste des vies. Puis il meurt. Il ne fleurit que pour mourir. Sitôt qu'il a pu assouvir sa soif, sitôt qu'il a bu sa pleine coupe de joie, il se dessèche. Heureux! Pour lui, aimer c'est vivre ; avoir aimé, c'est mourir! Je ne doute pas que durant ce court espace il ne se condense en la conscience de ce petit être tant de volupté que sa vie fugitive l'emporte sur celle des plus puissantes créatures, et ne dépasse de beaucoup en valeur celle de la grande majorité des hommes. — Court et brillant éclair, fleur d'un jour, salut à toi, ô bien-aimé de Dieu, ô toi dont la vie resserre en quelques heures ces trois moments divins : fleurir, aimer, mourir! »

E. RENAN, « *Caliban* ».

Personne n'est sans savoir que le papillon ne vient pas au monde sous cette forme élégante et idéale qu'il offre à nos regards charmés. Les lignes admirables qui précèdent nous montrent la belle et grande idée, idée générale, que le maître tire de l'origine obscure de cet être brillant issu d'un humble ver.

Tâchons donc, dans notre modeste étude, de nous rendre compte des changements qui s'opèrent dans les formes de ce papillon depuis sa sortie de l'œuf jusqu'au jour où il s'élance radieux dans l'air.

On nomme *métamorphose* la série de transformations par lesquelles passe un animal pour atteindre, par étapes plus ou moins longues, plus ou moins pénibles, son âge adulte, moment auquel il devient apte à reproduire son espèce.

Ce n'est ni sans grandes erreurs ni sans grandes hésitations que la science est arrivée à se rendre compte du mécanisme exact de cette série complexe de phénomènes. Sur les données absurdes de l'antiquité vinrent se greffer les idées erronées de certains savants, idées d'autant plus dangereuses que l'autorité dont jouissaient leurs auteurs tendait à les imposer comme dogmes. Certains prétendaient que les diverses parties du corps du papillon étaient emboîtées dans celles de la chenille, et les expériences de Réaumur parurent donner raison à cette manière de voir. Réaumur montra que si l'on coupe une ou plusieurs des pattes thoraciques de la chenille, le papillon qui éclôt plus tard se trouve privé du même nombre de pattes. Ces expériences ont été reprises plus récemment par M. Barthélemy et ont donné, pour les organes buccaux, les mêmes résultats. En réalité, il y a dans la métamorphose un véritable remaniement de toutes les parties en même temps qu'une augmentation par accroissement de certaines autres; ou *épigenèse*.

La longue trompe du papillon est bien formée des mêmes éléments qui composaient les pièces buccales de la chenille (mandibules), mais cette trompe n'existait pas emboîtée dans les mandibules de la chenille. Il a fallu, dans l'intérieur de la chrysalide, une transformation des tissus, pour donner à la bouche cette forme nouvelle.

Il ne faut pas prendre à la lettre la manière de voir du célèbre Harvey, qui prétendait que la chrysalide est un œuf où tous les éléments sont élaborés pour constituer de nouveaux tissus, car elle peut présenter de graves inconvénients. On peut dire que dans la chenille se trouvent déjà les éléments de toutes les parties constitutives de l'insecte parfait. Les ailes du papillon existent sous forme de replis intérieurs de la peau. M. Künckel a donné le nom heureux d'*histoblastes* (tissus en germe) à ces petites masses de tissu en formation que l'on trouve déjà dans la larve et qui s'y développent pour former les nouvelles parties de l'adulte.

Le papillon passe toujours par quatre états : *l'œuf*, *la larve* (chenille), *la nymphe* (chrysalide) et *l'adulte*, état parfait ou *imago* (papillon).

Le premier état ne diffère pas de celui des œufs de tous les autres animaux ovipares.

Dans le second état, la jeune larve sort de l'œuf, nue

et molle, ressemblant beaucoup à un petit ver muni de pattes. C'est une jeune chenille qui, à peine sortie de sa coquille, se met à manger avec la plus grande voracité. C'est là son seul but, sa seule occupation. Et elle s'en acquitte consciencieusement; on peut se faire difficilement une idée de la quantité de matières végétales englouties par cet infime vermisseau.

Cette partie de son existence n'est donc qu'un long repas. A peine cette larve s'arrête-t-elle de temps à autre pour changer de peau, et chaque mue la voit, acquérant un nouvel embonpoint, prendre de nouvelles forces pour manger. Quelquefois plusieurs mois ne sont pas suffisants à cette chenille pour emmagasiner en elle-même les éléments nécessaires à sa transformation. Elle passe alors dans une sorte de léthargie la mauvaise saison; tantôt, plus prudente, elle s'enterre dans quelque trou, sous terre, où elle attend, paisiblement endormie, le retour d'une saison plus clémente. Aux premières caresses du printemps elle sort de son sépulcre pour recommencer ses déprédations; mais enfin le terme de ce long repas est venu, la chenille se prépare alors à se recueillir dans le mystérieux étui de chrysalide.

Ce troisième état est celui de nymphe, appelée chrysalide pour les papillons. Ce nom, qui provient du grec (χρυσός), rappelle les admirables couleurs dorées dont sont revêtues quelques-unes d'entre elles, splendeur dont il faut chercher l'éclat dans un simple état physique. Il y a ici, pour produire cette apparence irisée, une série de phénomènes analogues à ceux des *lames minces*, et ces brillants reflets sont dus à l'interposition, entre membranes transparentes, d'une mince couche d'air.

Autant la chenille était active, tout au moins pour manger, autant la chrysalide est immobile. C'est une sorte de fève à contours plus ou moins arrondis, quelquefois anguleux, et ressemblant à une momie entourée de ses bandelettes. Tantôt elle est enveloppée d'un coco soyeux ou feutré, filé ou tissé par la chenille, qui a enfin consenti à se livrer à quelque travail autre que celui de manger; tantôt elle est suspendue de diverses manières sous un abri quelconque : un chaperon de mur, une feuille, le tronc d'un arbre, lui servent d'abri et de point d'attache. Tantôt, au contraire, elle est enterrée dans le sol ou repose dans une logette, sous quelque pierre.

Mais un jour cette immobilité prend fin, la chrysalide s'ouvre : de cet étui s'échappe un être tout différent de la chenille.

Le papillon quitte sa triste enveloppe, déplisse et étend ses ailes et s'envole enfin, joyeux. Il a quelques jours à vivre.

Lorsque la femelle du papillon a été fécondée, elle pond ses œufs en nombre plus ou moins grand, suivant les espèces, dans les endroits les plus propices à leur éclosion. Les unes les recouvrent avec des poils qu'elles arrachent à l'extrémité de l'abdomen, et leur forment ainsi un abri contre les rigueurs de l'hiver qu'ils auront à passer, ou contre le vent s'ils n'ont pu être déposés dans un endroit suffisamment abrité. Nous avons déjà vu que le *Liparis chrysorrhea* prend ce soin vis-à-vis de la progéniture funeste qui doit, au printemps suivant, dévaster nos arbres fruitiers. La même sollicitude entoure les œufs de l'*Ocneria dispar*. Il n'est pas rare de rencontrer les pontes de ce *Liparis*, semblables à des morceaux d'amadou, fixées sur le tronc des chênes, des ormes et des arbres fruitiers. L'*Eriogaster lanestris* se dépouille aussi au profit de ses œufs, tandis que le *Liparis salicis* répand sur les siens un liquide qui, en se desséchant, les protège

Fig. 31. — Ponte de Liparis chrysorrhea.

d'un enduit vernissé, matière blanche et écumeuse, insoluble dans l'eau, très apte par conséquent à les préserver de la pluie.

Une espèce de *Microlépidoptère* du genre *Bothys*, dont la chenille vit sur des plantes aquatiques, enveloppe ses œufs d'une matière gélatineuse rappelant le frai des Batraciens.

Les femelles déposent leurs œufs, à des époques très différentes suivant les espèces, sur les plantes qui doivent héberger leurs chenilles. Chaque œuf est entouré d'une matière gommeuse qui le fixe après la tige ou la feuille. Certains papillons disposent les leurs en bagues autour des rameaux (*Bombyx neustria*, *castrensis*, *franconica*);

Fig. 32. — Pieris brassicæ.

Fig. 33. — Dicranura (*D. Erminea*).

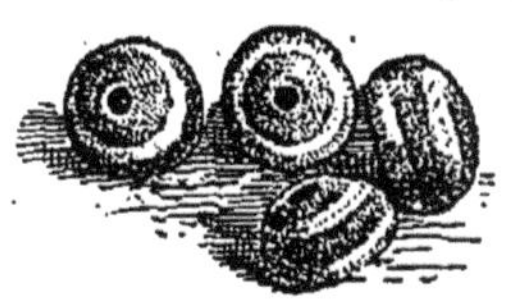

Fig. 34. — Œuf d'un Bombyx (*Bombyx dumeti*).

d'autres les dissimulent entre les gerçures des écorces L'*Attacus Cynthia* pond les siens en petites rangées disséminées sur différentes feuilles de l'ailante. De Géer, qui a observé l'Hépiale du houblon (*Hepialus humuli*), dit que la femelle pond ses œufs un à un avec une grande rapidité, et que ces œufs, petits et très nombreux, semblables à de la poudre à canon, sont lancés à une certaine distance. Le papillon blanc du chou (*Pieris brassicæ*) dispose les siens en rangs serrés; ils sont fixés de telle sorte sur la feuille que c'est par leur pôle supérieur, demeuré libre, que sortira la chenille.

Les œufs de la *Dicranura vinula* présentent une disposition très remarquable : la face qui est fixée contre le plan d'attache est plate, membraneuse et mince, tandis que la partie non protégée est cornée, opaque et de forme hémisphérique. Le petit paon de nuit (*Saturnia carpini*) pond les siens côte à côte, sur deux lignes, et Rœsel, s'appuyant sur leur forme oblongue, les compare à des bouteilles rangées dans les planches percées à cet effet. La *Vanesse levana* pond les siens en longs chapelets dressés sur les feuilles.

Fig. 55. — Ponte de Bombyx (*Saturnia carpini*).

Le nombre des œufs est très variable suivant les espèces, cependant l'on peut dire d'une manière générale que, chez les Rhopalocères, ils sont moins nombreux que chez les Nocturnes ou Hétérocères. Le bombyx du mûrier (*Sericaria mori*) en pond cinq cents, le *Cossus ligniperda* mille, la *Chelonia caja* seize cents, etc.

La forme des œufs chez les Insectes est éminemment sujette à varier, même dans les groupes les plus voisins; les Papillons ne semblent pas échapper à cette loi. Bien qu'en général leur forme puisse se ramener à un ellipsoïde ou à un sphéroïde, les œufs présentent souvent l'apparence de barillets ou même arrivent à ressembler à certaines graines. On remarque à l'un de leurs pôles une dépression au fond de laquelle est située une petite ouverture, nommée *micropyle*, par laquelle pénètrent dans l'intérieur les éléments fécondateurs. Chez les Papillons diurnes, cette ouverture se trouve fréquemment entourée d'une sorte de rosace formée d'écailles à formes géométriques; chez les nocturnes on remarque autour du micropyle de petits trous, pores ou fentes s'étoilant autour.

Fig. 56. — Ponte de Vanessa levana.

Fig. 57. — Ponte de Vanessa levana, grossie.

Les œufs des Bombyx affectent une forme orbiculaire, déprimée sur chaque face et présentant sur chacun de ces plans aplatis une dépression ou cavité centrale. Les stries extérieures, disposées en zones, que l'on remarque tout autour de la coque, correspondraient, d'après Lacordaire, aux segments de l'embryon. Certains œufs sont entièrement recouverts de sculptures dont le dessin, plus ou moins symétrique, se raccorde presque toujours en certaines parties, et affecte au contraire parfois une régularité géométrique. Ce dessin a pour base l'hexagone dans les œufs du *Satyrus Egeria*. Le *Satyrus Hyperanthus* a les siens couverts de petits tubercules très serrés, et ceux des *Lasiocampes* ressemblent à des graines de chènevis. Chez certaines *Piérides*, ils offrent une fine réticulation saillante (*Leuconia cratægi*, *Pieris brassicæ*). Ailleurs nous trouvons des œufs velus (*Diloba cæruleocephala*) ou recouverts d'un fin duvet (certains *Polyommates* et *Thecla*).

Fig. 38. — Œuf du Satyrus Egeria.

Les œufs des papillons sont très diversement colorés, et affectent toutes les teintes possibles, uniformes ou mêlées. Tachetés chez un Lasiocampe (*Odonestis potatoria*), ils sont bleus avec des zones brunes chez un autre (*Lasiocampa quercifolia*). Suivant un naturaliste allemand, la fécondation ne serait pas sans influer sur la coloration des œufs, et Kühn s'appuie sur ce fait qu'une femelle de *Dicranura vinula*, pondant, avant d'être fécondée, des œufs jaunes et verts, en pondit, après l'accouplement, d'autres brun foncé. Chez le Ver à soie (*Sericaria mori*) on reconnaît les œufs féconds à leur couleur qui, de jaune

Fig. 39. — Ponte de Bombyx neustria.

clair au moment de la ponte, passe bientôt au gris cendré.

La résistance et la solidité de ces œufs sont souvent fort grandes. Ceux du *Bombyx neustria* présentent à un haut point ces qualités. La matière cornée dont est formée leur enveloppe résiste aux instruments tranchants. Ce funeste papillon a donc plus de chances que les autres d'assurer la propagation de son espèce. Aussi ne se donne-t-il pas la peine de dissimuler ses œufs, et nous l'avons vu tout à l'heure les disposer en bagues élégantes autour des branchettes, avec un art dont le patient Réaumur n'a pu pénétrer le secret. D'ailleurs, quelle que soit l'épaisseur de leur enveloppe, les œufs des Papillons peuvent supporter des différences de température excessive dont les moindres suffiraient à tuer d'autres animaux. M. Maurice Girard nous apprend que les œufs du Ver à soie supportent très bien l'hiver de Sibérie, et il paraît même que la gelée assure leur vitalité. Le *glaçage* des œufs du précieux bombyx est une application de ce principe.

Un fait des plus intéressants et dont nous pouvons parler dès maintenant, est la *parthénogenèse*. Ce singulier phénomène se présente chez les femelles de beaucoup d'espèces, femelles vierges qui produisent des œufs féconds sans s'être accouplées. Observée accidentellement chez le Ver à soie du mûrier et un autre séricigène (*Saturnia polyphemus*), cette parthénogenèse semble être de règle chez beaucoup de *Psychides* et chez les Teignes du genre *Solenobia*. On en a encore signalé des cas isolés chez des femelles vierges des *Sphinx ligustri*, *Smerinthus ocellatus*, *Chelonia villica*, *Gastropacha pini*, *Lasiocampa quercifolia*, *Odonestis potatoria*, *Bombyx quercûs*, *Liparis dispar*, *L. ochropodia*, *Orgya pudibunda*.

L'œuf des Papillons considéré en lui-même est semblable à celui de la majorité des Insectes. De même que pour tous les œufs, il faut chercher son origine dans une cellule, ayant son noyau et son nucléole. La première enveloppe extérieure est le *chorion* ; c'est sur elle que nous avons remarqué ces aspérités ou ces sculptures qui nous ont arrêtés un instant. Si nous enlevons cette enveloppe, nous trouvons une zone de liquide correspondant au blanc de l'œuf de la poule. Puis nous remarquons une membrane entourant le vitellus, correspondant au jaune. Ces diverses parties sont généralement incolores.

On distingue dans l'œuf une partie plastique et une partie nutritive. La partie plastique est représentée par la zone pellucide, et c'est à ses dépens que doit se former l'embryon, qui se nourrira de la partie nutritive ou vitellus, jusqu'au jour où il pourra sortir de sa prison. Ces deux parties sont séparées par une membrane et les œufs sont dits *méroblastiques ;* il en est de même chez tous les insectes.

On donne ce nom de *méroblastiques* aux œufs dans lesquels le vitellus ne subit pas de segmentation totale, la partie plastique étant la seule à se fractionner.

Le vitellus présente en outre une sorte de tache appelée vésicule germinative ; c'est elle qui représente le nucléole dans la cellule œuf. La composition chimique du vitellus se ramène à un liquide albuminoïde dans lequel se trouvent des globules, les uns graisseux, les autres albuminoïdes, et de la matière amylacée. La couche plastique, formée de *protoplasma*, est transparente et contient quelquefois des granulations colorées.

Lorsque l'œuf a été fécondé, il se forme sur le vitellus des cellules qui se massent à la phériphérie pour former ce qu'on appelle le *blastoderme*. La prolifération cellulaire continue aux dépens du protoplasma de la couche pellucide et débute ordinairement à l'un des pôles pour s'étendre ensuite graduellement sur tout l'œuf. D'après les recherches de Kowalesky, « la bandelette primitive, ou bandelette germinative, forme, avant l'apparition des membranes embryonnaires, à partir de l'extrémité céphalique, une gouttière, c'est-à-dire un pli s'enfonçant dans le vitellus, d'où le deuxième feuillet blastodermique prend naissance.... Avant que cette gouttière se ferme, le vitellus se divise en masses secondaires ; en même temps qu'elle se ferme, le même phénomène nous est offert par les replis des membranes embryonnaires au-dessus de la bandelette primitive qui repose librement avec l'amnios sur le vitellus, puisque entre celui-ci et la membrane séreuse se sont insinuées des sphères vitellines. A partir de ce moment la bandelette primitive s'accroît rapidement en longueur et produit les rudiments des membres sous forme de mamelons. Plus tard, quand le dos de l'embryon s'est fermé, l'extrémité caudale se recourbe vers la face ventrale et l'embryon affecte une courbure en sens inverse, de telle sorte que sa face dorsale se trouve tournée vers l'enveloppe séreuse. La formation du système nerveux, des glandes salivaires, ainsi que des trachées, a été dernièrement étudiée par Hatschek ; ce dernier a démontré aussi la présence des rudiments de trois paires de stigmates sur les anneaux des mâchoires. »

Fig. 40. — Sphinx ligustri dans l'œuf.

La jeune chenille, au moment de l'éclosion, sort de l'œuf, et pour cela elle use de certains artifices. Un des plus remarquables est employé par la chenille du Ver à soie. A l'intérieur de son œuf le micropyle se continue en une saillie creuse terminée par un bouton. Le jeune ver à soie brise ce bouton avec ses mandibules ; l'ouverture ainsi aménagée est loin d'être suffisante pour permettre au prisonnier de sortir : aussi élargit-il avec

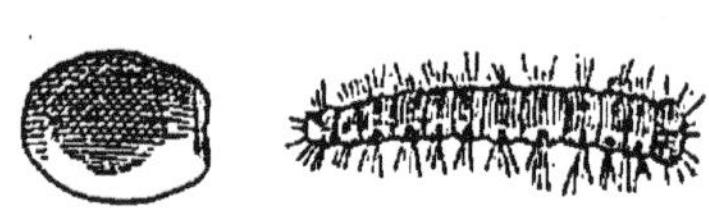

Fig. 41. — Ver à soie sortant de l'œuf, très grossi.
a. Grandeur naturelle.

sa tête le trou, qui devient de plus en plus grand et par lequel il sort.

La chenille se présente à nos yeux sous des aspects assez ingrats et son nom seul suffit à inspirer à bien des personnes un dégoût que sa vue n'est pas faite pour diminuer. C'est une sorte de ver, divisé en treize anneaux, dont un formé par la tête, ronde et comme séparée en deux calottes hémisphériques. Les anneaux sont séparés les uns des autres par des incisions plus ou moins profondes. Leur importance vient souvent exagérer le boursouflement de ces êtres disgraciés, quand leur laideur ne s'augmente pas encore de tubercules ou de verrues poilues. Des poils piquants et urticants rendent leur approche plus désagréable que dangereuse. Brochant sur le tout, le vulgaire veut que ces malheureuses larves soient encore venimeuses.

Cette dernière accusation est fausse. Cependant on a empoisonné des oiseaux en les forçant à manger des chenilles du Sphinx de l'euphorbe (*Deilephila euphorbiæ*), qui se nourrit sur une plante toxique, la petite euphorbe. Mais c'est à la plante et non à la chenille qu'il faut s'en prendre des accidents ainsi provoqués, et d'ailleurs je ne sache personne qui soit tenté d'user d'un pareil régime. On dit cependant que les Chinois mangent les chenilles du Bombyx du mûrier, mais ce précieux ver ne vit pas sur une plante toxique.

Si l'on considère une chenille quelconque, celle d'un sphinx, par exemple, on remarque d'abord que son corps présente douze anneaux, sans compter la tête. Celle-ci se voit en avant. Insérée sur le premier anneau thoracique, elle n'est jamais portée par un cou. Cependant, chez certaines (*Pieris*), on voit une sorte de cou lorsque la chenille allonge la tête. Toujours arrondie, cette tête est divisée en deux lobes que l'on pourrait au premier abord prendre pour de grands yeux; ce sont simplement deux divisions symétriques du crâne.

Ces deux calottes cornées sont généralement elliptiques, et cela, sauf de très rares exceptions, chez toutes les chenilles de nos climats. Cependant celle de l'*Apatura Iris* ou Grand Mars a ces deux lobes terminés par une pointe qui fait ressembler chacun d'eux à une poire. Mais les chenilles des Papillons exotiques ont souvent la tête ornée de prolongements qui leur donnent un aspect bizarre. Tantôt c'est une couronne d'épines à huit branches inégales (*Peridromia amphinome*) ou à sept rayons (*Morpho Teucer*). Ici les lobes prennent la forme d'un cœur dont la pointe se terminerait par une corne (*Morpho Menelaus*), et chez une autre le crâne est surmonté de trois fortes épines (*Brassolis cassiæ.*)

Entre ces deux lobes s'ouvre la bouche, entourée des organes buccaux, et au-dessus d'elle, près de la base des mandibules, se trouvent deux antennes rudimentaires. Elles sont formées d'un tubercule surmonté d'articles très grêles. Chez le Bombyx du mûrier ces articles sont remplacés par une soie. La chenille du *Cossus ligniperda* a des antennes rétractiles. Les articles peuvent rentrer les uns dans les autres, comme les tubes d'une longue-vue.

Six petits yeux ou ocelles se voient à droite et à gauche ; ce sont des organes de vision analogues aux stemmates ou ocelles des insectes parfaits.

L'appareil buccal de la chenille est celui d'un insecte broyeur. On y voit deux mandibules plus ou moins robustes, deux mâchoires avec leurs palpes maxillaires, une lèvre inférieure portant des palpes labiaux rudimentaires et, en son milieu, un tubercule ou filière. C'est par l'orifice de ce tubercule que passe la soie que la chenille filera plus tard pour s'envelopper d'un cocon.

A chacun des trois anneaux représentant le thorax de la chenille est attachée une paire de pattes. Ce sont les six pattes dites *écailleuses*, qui représentent les six pattes de l'adulte. On retrouve dans ces pattes écailleuses, après un examen attentif, les parties constitutives des pattes de l'insecte adulte. Elles sont à peu près égales entre elles, sauf chez certaines espèces. La chenille de la *Harpya fagi* présente notamment des particularités

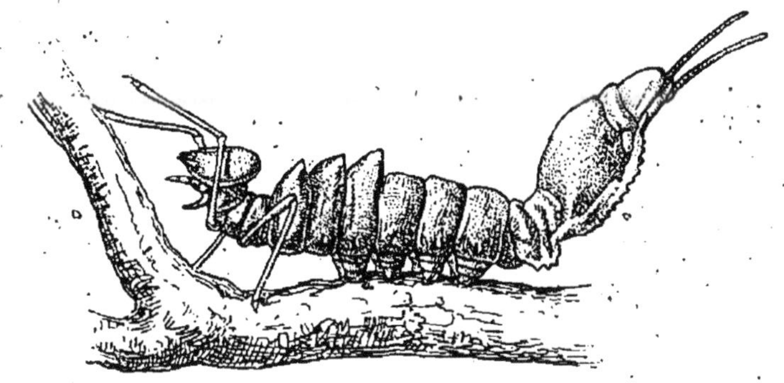

Fig. 42. — Chenille de la Harpie du hêtre (*Harpya fagi*).

sous ce rapport. Chez cette larve, la première paire de pattes a des dimensions ordinaires, mais les deux suivantes sont très longues et très grêles et ne sont nullement propres à la marche. On retrouve cette disposition dans la troisième paire de pattes de la chenille de *Selenia lunaria*.

Ces pattes écailleuses servent à la marche, mais elles aident surtout la chenille à se cramponner ou à grimper après les tiges; elles lui sont aussi d'une utilité directe pour saisir la feuille qu'entament les mandibules et les mâchoires. Grâce à ces pattes écailleuses, certaines chenilles peuvent exécuter des mouvements très agiles, parfois de véritables sauts (*Lithosia*), même considérables (*Herminia rostralis*, certaines *Catocala*).

La partie de la chenille qui représente l'abdomen de l'adulte, porte des pattes d'une autre forme, affectées surtout à la marche, bien que leur disposition leur donne aussi quelque avantage pour raffermir la chenille sur son plan de sustension. Ces fausses pattes, dont il ne restera pas trace chez l'adulte, sont de plusieurs formes. Les unes sont dites *en couronne*, les autres *membraneuses*, d'autres encore sont *mamelonnées* tandis qu'une dernière sorte est dite *en crochets*.

Ces pattes sont en général de gros tubercules cylindro-coniques, dont la base est en contact avec les objets et

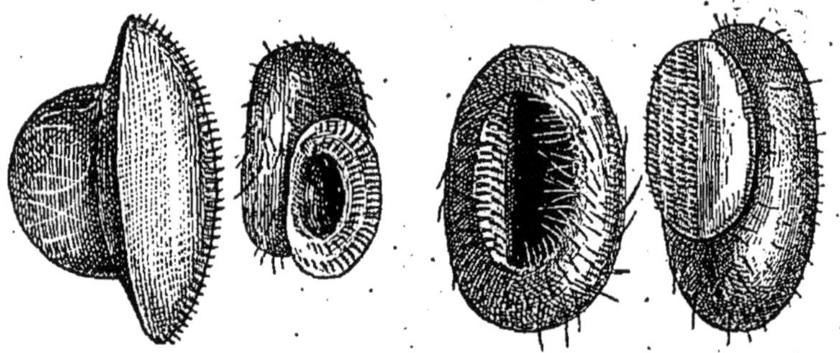

Fig. 43. Pattes membraneuses de Chenilles. Fig. 44.

1. Saturnia pyri; 2. Vanessa urticæ. 1. Charaxes jasius; 2. Papilio Machaon.

représente la *plante* de ce pied. Cette *plante* est en général circulaire, parfois rebordée en un épais bourrelet et n'étant pas, dit M. Girard, « sans quelque ressemblance avec un pied d'éléphant ». Parmi ces pattes, les unes sont armées d'une couronne de crochets, les autres en sont dépourvues.

Ces crochets rappellent assez la forme d'un hameçon dont l'une des pointes serait émoussée. Alternativement longs et courts, ils s'attachent à la fausse patte et entourent la plante, qui se contracte pendant la marche, rentre en elle-même tous ses crochets, comme les chats qui font patte de velours. Pendant la station, au contraire, la chenille ouvre la plante de sa patte, et la couronne de crochets se redresse, tandis que les pointes de ces crochets s'implantent sur la base de sustension.

Quelquefois les fausses pattes de forme conique présentent une disposition inverse, c'est-à-dire qu'elles sont larges à leur base d'attache et pointues à leur extrémité, terminée par un bouton entouré d'une couronne de crochets (*Cossus robiniæ*). Chez d'autres chenilles xylophages

(*Hepialus*), les fausses pattes sont dépourvues de crochets.

Quand une chenille a cinq paires de fausses pattes, une d'entre elles est toujours située sur le dernier segment, et les quatre autres sont attachées sur les 6e, 7e, 8e et 9e anneaux. Le dernier segment porte toujours une paire de fausses pattes, même lorsque la chenille ne présente qu'une paire de fausses pattes (Tinéites). Cependant certaines chenilles font exception à cette loi, mais dans ce cas on retrouve sur le dernier segment des appendices représentant les pattes modifiées en filets allongés (*Dicranura, Harpya*). Chez ces chenilles les quatre paires sont attachées aux 6e, 7e, 8e et 9e anneaux, tandis que chez celles qui, ayant également quatre paires de pattes, en ont une attachée au dernier anneau, les trois autres peuvent être fixées soit aux 6e, 7e et 8e ou sur les 7e, 8e et 9e segments.

Quand il n'y a que six fausses pattes, le dernier segment abdominal en portant une, les deux autres s'attachent aux 8e et 9e anneaux (chenilles demi-arpenteuses). Cependant parmi ces chenilles il en est qui, demi-arpenteuses dans leur jeune âge, reprennent, après la troisième mue, deux paires de pattes abdominales.

Les chenilles arpenteuses n'ont que deux paires de fausses pattes, dont une sur le 9e et l'autre sur le dernier segment.

Les chenilles des Bombyciens du genre *Limacodes* paraissent être les seules dépourvues complètement de fausses pattes. Ces organes sont remplacés par deux rangées longitudinales de petits tubercules sécrétant une matière visqueuse qui sert à les fixer aux feuilles.

Les chenilles arpenteuses ou géomètres ont été ainsi appelées parce que, dans leur marche bizarre, elles paraissent mesurer l'espace qu'elles parcourent, comme avec un compas. Elles se relèvent en leur milieu de manière à former une sorte de boucle, dont les deux extrémités de leur corps représentent les bouts, puis, après s'être allongées, elles se replient de la même manière. Elles ont également la propriété de se tenir longtemps raides et immobiles. Fixées ainsi par les fausses pattes de la dernière paire à quelque rameau, elles ressemblent à une brindille de bois, ressemblance que vient augmenter encore leur couleur grise ou verdâtre.

Bien que les chenilles ne soient pas disposées pour courir avec rapidité, certaines d'entre elles sont fort agiles et peuvent même marcher à reculons avec une certaine vitesse, se tortiller comme celles des *Pyrales*, ou se dérober brusquement en se laissant couler au bout d'un fil de soie qu'elles filent tout en se laissant tomber. Mais la grande majorité des chenilles est paresseuse, amie de l'ombre et du repos.

Les appendices dont sont ornées les chenilles sont de diverses natures, et les verrues, épines, brosses qui recouvrent certaines parties de leur corps contribuent souvent à leur donner cet aspect bizarre et repoussant qui doit aussi les défendre contre beaucoup de leurs ennemis.

La chenille de la *Dicranura vinula* présente sur le premier anneau une sorte de caroncule se séparant à son extrémité en deux branches terminées chacune par un bouton laissant suinter, quand on inquiète l'animal, un liquide volatil et caustique piquant fortement les yeux s'il vient à y entrer. Le dernier segment présente aussi deux filets, dans lesquels nous avons retrouvé plus haut la dernière paire de fausses pattes modifiée en une queue fourchue, d'où le nom de la chenille. De chacun de ces tentacules peut sortir un filament rose et charnu : « Ces queues, dit Lacordaire, sont de véritables fouets dont cette larve se sert pour chasser les Ichneumoniens qui viennent se poser sur elle ».

Un appendice rétractile existe aussi chez la chenille de notre Machaon, entre le premier segment et la tête.

Divisé également en deux branches, il ressemble à un Y. Ces caroncules saillissent lorsque cette larve se voit menacée de quelque danger, et il en suinte un liquide odorant semblable à l'acide butyrique. Cet organe se retrouve chez les chenilles d'autres *Papilio* exotiques.

Les chenilles des Melitées et des Argynnes possèdent en dessous du premier anneau, entre la bouche et la première paire de pattes écailleuses, une sorte de poche laissant exsuder un liquide destiné à amollir le tissu de la feuille avant que de l'entamer. Cet organe se retrouve rudimentaire chez les chenilles des Vanesses.

On remarque sur les anneaux d'autres chenilles des éminences, des verrues, comme chez les *Notodontides* ou même chez les Diurnes (*Limenitis, Melitea*), rangées diversement, en nombre plus ou moins grand, de forme variable suivant les espèces. Les chenilles de tous les *Sphingiens* et d'un certain nombre d'autres papillons nocturnes portent sur l'avant-dernier segment une sorte de corne, terminée quelquefois par une pointe dure et cornée quelquefois obtuse et enroulée. Recourbée la plupart du temps en arrière, cette corne peut être droite comme chez le *Macroglossa stellatarum*. Elle se réduit quelquefois à une bosse (*Sphinx labruscæ*) ou à une plaque (*Pterogon œnotheræ*).

Beaucoup de Chenilles sont armées d'épines, souvent assez fortes et assez aiguës pour blesser une main imprudente. Bien que l'on remarque ces excroissances de la peau plutôt chez les chenilles des Hétérocères, certains *Rhopalocères* en présentent aussi, comme nous le voyons chez les Vanesses, les Argynnes et les Morpho. Une chenille des plus remarquables sous ce rapport est celle d'un Bombycien de l'Amérique du Nord (*Cerocampa regalis*). Smith et Abbot ont figuré cette larve, qui porte aux États-Unis le nom de Diable cornu du platane. Outre sa taille gigantesque, cette chenille attire l'attention par sept ou huit grandes épines de près d'un pouce de longueur qui se dressent derrière sa tête et la partie postérieure de ses anneaux. Certaines de ces épines sont rétractiles chez d'autres chenilles. Dissimulées sournoisement dans des tubercules d'aspect inoffensif, ces pointes aiguës saillissent brusquement et s'enfoncent dans les doigts malencontreux de l'observateur imprudent.

Le nombre, la forme, la disposition de ces épines sont très variables suivant les groupes, les genres et les espèces. Cependant, en règle générale, on peut reconnaître que ces appendices sont toujours situés sur le dos ou les flancs de la chenille, et que le ventre en est dépourvu. Ce sont là évidemment des armes défensives, tant contre la dent des insectivores, le bec des oiseaux, la main des primates, que contre tous les insectes parasites entomophages.

Beaucoup de chenilles ont la peau lisse. Tel est le cas de la plupart de celles que nous venons d'énumérer; mais parmi celles des Nocturnes, on en trouve un grand nombre qui sont velues, entièrement ou en partie. Ce système pileux, peu abondant et clairsemé chez les larves des Pyrales, des Géomètres, devient très fourni, long et serré chez celles des Écailles, que leur aspect a fait nommer chenilles hérissonnes. Chez ces dernières, tous les poils sont inclinés en arrière comme les piquants d'un porc-épic. Les poils forment parfois des sortes de brosses recouvrant certains endroits du corps (*Orgya*), ou implantés sur des verrues forment sur chacune d'elles un bouquet (*Saturnia*). La couleur de ces poils varie beaucoup, et leur teinte est loin d'être uniforme. Souvent on remarque des poils de diverses couleurs et leurs tons tranchés forment des bigarrures dont la diversité s'exagère des différentes longueurs des touffes.

La structure des poils est loin d'être la même chez toutes les chenilles. Lacordaire signale ceux d'une chenille (*Morpho Idomeneus*) qui ont la forme de plumes d'oiseaux; « sur chaque segment... sont trois tubercules bleu de turquoise, qui portent chacun une longue plume noire ». Mais, quelle que soit leur forme, ces poils sont toujours des appendices cuticulaires sortant par des canalicules poreux de l'intérieur des membranes constitutives de la peau (cuticule et hypoderme). Chez certaines chenilles on remarque des poils urticants dont la base est en rapport avec une glande en cul-de-sac qui contient du venin sécrété par ses parois.

On remarque une semblable disposition chez la chenille d'un Lasiocampe (*Gastropacha pini*). La matière âcre qui se répand sur les poils des chenilles processionnaires a la même origine. Ces poils se détachent aisément et produisent des urtications très pénibles chez les personnes assez imprudentes pour s'approcher des bourses soyeuses où habitent ces chenilles (*Cnethocampa processionea*).

Les poils tombent à chaque mue et sont remplacés par d'autres qui attendaient, couchés sous la première peau, le moment de se redresser.

Beaucoup de chenilles recourent à des matériaux étrangers pour assurer à leur corps une protection plus assurée contre leurs ennemis. Elles s'établissent, à l'aide de brins d'herbe, de branchettes, de fragments d'écorce, ou de feuilles réunies avec de la soie, des fourreaux dans lesquels elles habitent. Partout elles les traînent avec elles, les augmentant sans cesse, à mesure que le volume de leur corps devient plus considérable. Les Teignes, ces funestes papillons mange-drap, ont des chenilles qui se font des étuis avec des étoffes de laine dont elles vivent ; leurs fourreaux, empruntant leurs couleurs à celles des diverses étoffes endommagées, attestent par des zones bigarrées les migrations de l'habitant.

Ces fourreaux sont en général allongés et droits ; mais les chenilles de certaines *Psychés* ont la singulière habitude de contourner les leurs jusqu'à leur donner la forme d'une coquille de colimaçon. Ces derniers étuis sont en général formés de grains de sable grossièrement agglomérés.

Les couleurs des chenilles sont trop variables pour que l'on puisse donner sur leur dispostion des appréciations générales. De teintes plus ou moins tristes et grises dans les Noctuelles, plus brillantes dans les Sphinx, éclatantes chez les Attacides, les chenilles des Nocturnes présentent la plus grande diversité dans leur coloration. Il en est de même chez les Diurnes; si la chenille du Machaon est parée des plus vives couleurs, celles des Satyres ont un costume obscur, et celles des Mélitées portent une livrée de deuil. Dans la même espèce les couleurs des chenilles sont sujettes à varier sans que les papillons qui en proviennent présentent pour cela des différences. Les chenilles de certaines Noctuelles varient du brun clair au vert foncé (*Hadena atriplicis*); du gris au brun, du brun au vert en passant par le jaune (*Eupithecia*), etc. La couleur du fond et des dessins surajoutés, des bandes, des mouchetures, est aussi sujette à variations nombreuses, souvent tout individuelles.

Avant d'arriver à son maximum de taille, la chenille doit changer de peau, et cela plusieurs fois. En effet, cette peau n'est pas indéfiniment extensible, et elle ne saurait contenir, sans éclater, un être qui croît sans cesse. Le volume d'un être qui passe sa vie à manger est forcé de s'accroître. La chenille doit donc, à certaines époques, dépouiller son vêtement trop étroit. Ce moment n'est pas sans danger pour elle, et il lui arrive parfois de mourir étouffée dans les replis de sa dépouille, sans pouvoir s'en dégager complètement. A cette période critique de son existence, la larve cesse de manger; ses mouvements deviennent languissants; ses couleurs se ternissent. Fixée fortement sur une branche avec ses pattes écailleuses, parfois avec quelques fils de soie, elle commence de pénibles efforts. Sa peau se plisse et se fend sur le dos, longitudinalement. La chenille sort peu à peu de son fourreau. Malheur à elle s'il se forme des étranglements en certains points, elle ne tarde pas à périr dans cette peau inerte, dont les replis empêchent l'air de pénétrer dans ses stigmates. Mais ces difficultés évitées, ces épreuves passées, elle s'empresse de reprendre des forces et de recommencer son long repas. Après quelques heures de lassitude, la chenille redevient vigoureuse, sa peau se sèche, ses brillantes couleurs reparaissent, elle a recouvré sa première activité.

Les chenilles subissent plusieurs mues, et le temps qui s'écoule entre chaque mue s'apelle âge.

Les *Rhopalocères* ont généralement trois mues ; les *Hétérocères* quatre, comme le Ver à soie, mais souvent davantage, jusqu'à sept ou huit. Nous avons dit que les poils tombaient avec l'ancienne peau, il en est de même des revêtements extérieurs de la tête et des pièces buccales, des pattes. Les pièces extérieures des stigmates (péritrèmes), la cuticule interne de l'origine des trachées tombent également (Maurice Girard). Certains observateurs, allant plus loin, ne craignaient pas d'avancer que l'appareil trachéen complet muait ainsi que la face extérieure de l'appareil digestif.

Les mues influent sur la couleur de certaines chenilles et aussi sur les saillies de la peau et sur les poils. Certaines chenilles lisses se trouvent, après une mue, couvertes de poils ou de tubercules. La chenille de l'*Attacus Pernyi*, noire au premier âge, devient verte au second, et celle de l'*A. Atlas* est d'abord blanche. Un remarquable séricigène de l'Inde, *Actias Selene*, élevé à Paris par M. Clément, est jaune et noir dans son premier âge ; au second, la chenille devient rouge ; au troisième, elle acquiert cette teinte verte qu'elle gardera pendant les âges suivants. Jaune avec des tubercules noirs à son premier âge, la chenille de *Saturnia Cecropia* est noire avec deux rangées de taches jaunes à la seconde mue ; verte avec des perles bleues et des tubercules orange, et présentant une large bande bleue le long du dos dans le troisième âge, elle devient bleu verdâtre dans le quatrième et le cinquième. (Clément.)

La durée de l'état de larve est très-variable suivant les familles ; mais on peut dire en règle générale que c'est sous cet état que se passe la plus longue partie de l'existence de l'insecte. Si la chenille de l'*Argynnis paphia* ou *tabac d'Espagne* atteint son développement complet en une quinzaine de jours, celle du *Cossus ligniperda* met trois ans pour parfaire le sien. Il est à remarquer que les chenilles xylophages ou celles qui vivent enterrées au milieu des racines qu'elles rongent mettent plus longtemps que les autres à se développer. Les Rhopalocères restent beaucoup moins longtemps que les Hétérocères à l'état de larve. Chez ces derniers, beaucoup de chenilles passent l'hiver, soit qu'elles s'enterrent, comme le font un grand nombre de Noctuelles, soit qu'elles affrontent l'hiver blotties sous des feuilles sèches ou dans les gerçures de l'écorce, ou sur une branche de quelque arbre.

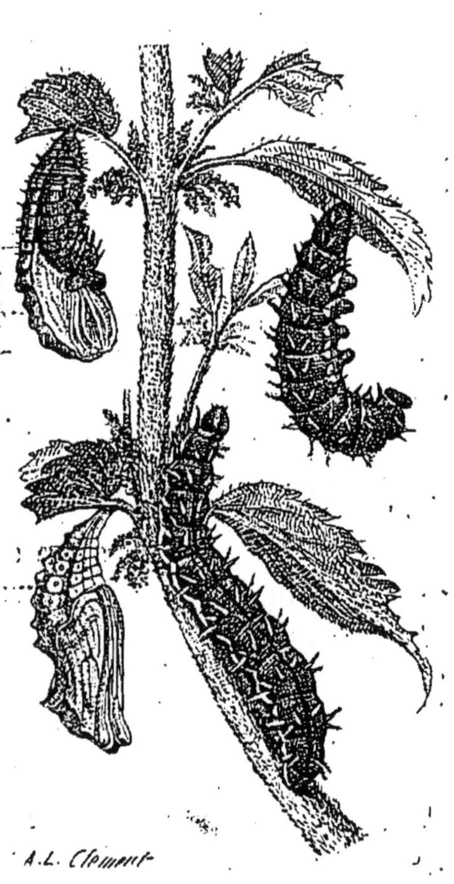

Fig. 45. — Chenille de Vanesse Vulcain aux diverses phases de sa transformation en chrysalide.

La chenille a enfin atteint son complet développement. Son activité s'éteint ; une sorte d'inquiétude l'envahit ; elle cesse de manger. Bientôt ses couleurs se ternissent, disparaissent, tout son être devient livide. La peau se plisse, tout l'animal se raccourcit. Le moment de la métamorphose approche, la larve va passer à l'état de nymphe ou de *chrysalide*. Il y a parfois entre cet état et celui de larve un stade intermédiaire, « un état dormant » (Maurice Girard), pendant lequel la chenille est immobile. Cette immobilité peut durer plusieurs jours, parfois quelques mois: ainsi de la chenille du *Limacodes testudo*, qui passe un hiver dans cet état.

Lorsqu'une chenille est sur le point de se métamorphoser en chrysalide, elle commence par choisir un endroit favorable pour cette délicate opération. Les unes se fixent tout simplement à une feuille, comme les Parnassiens et les Hespéries, après une tige comme la majorité des Diurnes. D'autres, plus prudentes, s'abritent sous le chaperon d'un mur, dans les fentes d'une écorce; d'autres encore s'enfouissent sous terre, loin de tout bruit, et de tout danger, à en excepter toutefois les champignons parasites.

« Une chenille se fixe par son extrémité à une branche, à un tronc ou à quelque autre objet voisin; sa face ventrale s'incurve, ses cinq anneaux antérieurs s'élèvent de plus en plus, et la tête se dresse verticalement. Celle-ci semble s'amincir et saillir davantage à mesure que le corps renfle insensiblement; à force de se tortiller, la chenille finit par fendre sa peau sur le dos, et la partie antérieure de la nymphe apparait. En se gonflant et en avançant, celle-ci fait éclater la peau de la chenille, qui cède jusqu'à la dernière paire de pattes. Pour éviter que cette peau, qui la soutient, ne tombe à terre, elle saisit alors entre deux anneaux de son abdomen, qu'elle imbrique l'un sur l'autre, et dont elle se sert comme d'une pince, la peau sur le point de céder; elle s'étire, saisit la peau entre les deux anneaux suivants, et grimpe ainsi régulièrement le long de ce revêtement qui l'entourait, jusqu'à ce que son extrémité caudale arrive à la gaine tissée jadis pour les pattes anales. Là elle introduit son extrémité abdominale, et demeure fixée à la peau de la chenille à l'aide d'aiguillons invisibles. La pupe ne se tient pas encore pour satisfaite, et ne voulant pas tolérer cette membrane auprès d'elle, elle ploie son corps en forme d'S, de façon à ce qu'il touche l'ancienne peau, puis se met à pivoter comme une toupie de droite et de gauche, jusqu'à ce qu'elle ait expulsé cette dépouille. » (Brehm.)

M. Künckel d'Herculais a fort bien étudié la manière dont les chrysalides suspendues par la queue demeuraient fixées dans cette position, et M. Clément a observé et figuré avec une grande exactitude l'appareil suspenseur des chrysalides de Séricigènes dans leurs cocons (*Actias Selene*).... « Examinant la chrysalide des Papilionides (*Ornithoptera*, *Papilio*, *Thaïs*, *Pieris*, etc.) et des Nymphalides (*Danais*, *Vanessa*, *Grapta*, *Limenitis*, etc.), j'ai reconnu que la queue est formée par l'accolement, suivant la ligne médiane, d'une paire d'appendices portant, l'un et l'autre indépendamment, une série de crochets tournés en sens contraire, la pointe en dehors, et semblables à ceux des pattes membraneuses des chenilles ; cette paire d'appendices est une dépendance du douzième anneau de la chrysalide, au même titre que les pattes dites anales sont une dépendance de l'anneau correspondant de la chenille : ce douzième anneau n'ayant de stigmates ni dans la larve, ni dans la nymphe des Lépidoptères, les homologies sont faciles à établir. D'autre part, la paire d'appendices soudés de la chrysalide entoure réellement l'extrémité de l'abdomen et circonscrit l'anus, ainsi que les pièces de l'armure génitale encore renfermées dans leurs gaines ; sur la dépouille il est aisé de voir que le papillon, en abandonnant son appareil suspenseur,

Fig. 46. — Crochets de la chrysalide d'Actias Selene.

s'est débarrassé seulement alors des pattes anales. Swammerdam se trompait lorsqu'il affirmait que la chrysalide, en se transformant, perdait toutes ses pattes membraneuses : les pattes membraneuses de la cinquième paire subsistent pendant l'état de nymphe. Les appendices du douzième segment des chenilles sont d'ailleurs susceptibles, notamment dans certains genres de la famille des Notodontides, d'affecter les formes les plus diverses.

« La démonstration acquiert un caractère de rigueur plus absolue lorsqu'on suit attentivement une chenille sur le point de se métamorphoser : les chenilles communes des Vanesses se prêtent particulièrement à l'observation. Si l'on prend une chenille déjà suspendue par les pattes postérieures et si l'on provoque artificiellement la mue en la trempant au préalable dans l'alcool ou l'acide chromique, il est facile de reconnaitre que l'extrémité postérieure de la chrysalide est engagée dans le douzième anneau de la chenille et que les parties qui supportent les crochets suspenseurs, la prétendue queue des auteurs, sont cachées sons la peau des pattes anales de la chenille.

« En résumé, les chrysalides des Lépidoptères s'attachent ou se suspendent par les crochets des pattes membraneuses anales modifiées et adaptées à des conditions biologiques particulières.. » (Künckel.)

On divise les chrysalides, suivant les attitudes qu'elles affectent et qu'elles gardent pendant toute la nymphose, en quatre catégories.

Celles de la première sont dites *succinctes;* c'est-à-dire maintenues avec une soie après une branche, ou quelque autre point d'appui. Exemple : Piéride du chou (*Pieris brassicæ*).

Celles de la seconde sont dites *suspendues*, c'est-à-dire qu'elles sont fixées par l'extrémité postérieure de leur corps à un plan horizontal et renversé. Ex. : les Vanesses.

Celles de la troisième sont dites *enroulées*, c'est-à-dire

qu'elles sont maintenues entre des feuilles par quelques fils de soie. Ex. : les Hespériens, etc.

Enfin la dernière catégorie comprend les chenilles qui s'enferment dans un cocon de soie filé par la chenille Ex. : le Ver à soie, la majorité des Bombyciens.

Dans cette dernière catégorie on remarque des chrysalides suspendues par leurs crochets postérieurs après la trame lâche intérieure du cocon (*Actias Selene*, observée par M. Clément).

La chrysalide se présente à nos yeux, dans la grande majorité des cas, sous la forme d'un corps arrondi, allongé, cylindro-conique à une de ses extrémités. D'une couleur généralement brune ou rougeâtre, elle ressemble un peu à une *fève*, et c'était là le nom que lui donnaient

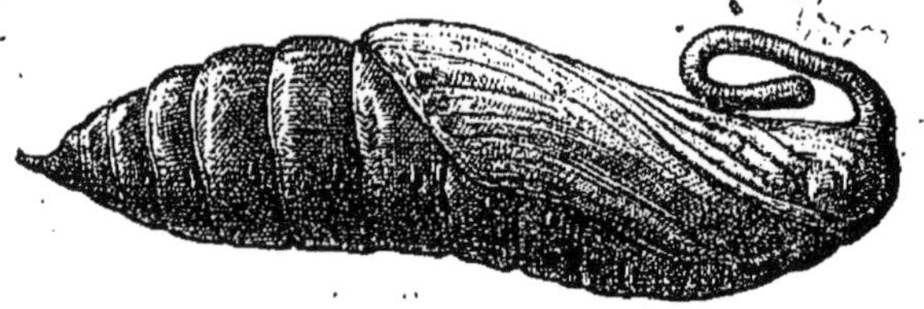

Fig. 47. — Chrysalide d'un Sphinx (*Sphinx convolvuli*).

beaucoup d'anciens auteurs. Les chrysalides des nocturnes se rapportent toutes, plus ou moins, au type dont nous venons de parler ; au contraire celles des diurnes affectent en général des formes anguleuses, et sont souvent revêtues des couleurs les plus brillantes, rehaussées de tons métalliques dont nous avons expliqué les causes.

Les pattes, les antennes, les ailes, renfermées dans des étuis, sont repliées sur la poitrine ; l'abdomen compte neuf anneaux ; toute la chrysalide est enfermée dans un étui résistant de chitine, dont les articulations sont cependant assez souples pour permettre aux anneaux abdominaux de se mouvoir. Ainsi voyons-nous les chrysalides du *Cossus ligniperda* remonter toute leur galerie percée dans un tronc d'arbre pour venir attendre l'éclosion à l'orifice de sortie ; ainsi avons-nous vu l'artifice employé par les chrysalides grimpant après leur peau de chenille pour se suspendre.

La durée de cet état latent est loin d'être la même, non seulement dans les groupes et les familles, mais encore chez les individus. Il y a certaines espèces qui peuvent rester en chrysalide pendant plusieurs années : tels sont les *Bombyx processionea*, *Saturnia pyri*. Le *Bombyx lanestris* peut vivre en cet état jusqu'à neuf années avant que d'éclore.

Les *Rhopalocères* ne passent généralement pas plus d'une saison à l'état de chrysalide, mais cette règle est loin de manquer d'exceptions. Si les *Vanesses* restent quinze jours en chrysalide, les *Thaïs* mettent parfois deux années pour atteindre leur état parfait. Chez les *Hétérocères*, la nymphose est beaucoup plus longue et généralement leurs chrysalides passent au moins un hiver avant d'éclore. Les petites espèces mettent toujours beaucoup moins de temps que les grandes à atteindre tout leur développement, et ce sont les géants du groupe qui prolongent parfois d'une façon insolite la durée de cet état nymphal (*Attacus*, *Saturnia*).

La vitalité est beaucoup moins grande chez les chenilles que chez les chrysalides, et nous voyons ces dernières supporter sans périr des différences de température excessives. On a souvent observé des chrysalides absolument gelées, mortes en apparence, et qui, au printemps, laissaient échapper de leurs flancs glacés et rigides des papillons allègres et dispos. Et même, certaines chrysalides, percées d'une épingle, ont non seulement continué à vivre, mais ont donné naissance à des papillons.

Profitant de cette faculté de résistance aux agents extérieurs, plusieurs observateurs ont, par des compressions ou des mutilations habilement conduites sur des chrysalides, provoqué chez les papillons qui en sortaient des monstruosités et des déformations variées. Si l'on expose des chrysalides à une température trop élevée, on peut obtenir des papillons nains; mais ces pygmées sont en général mal développés et leurs ailes restent avortées et chiffonnées.

Les chrysalides d'un grand nombre d'*Hétérocères* sont renfermées dans un cocon. Ces cocons ou coques, de contexture très variable, sont souvent formés de matières étrangères, feuilles, brindilles réunies avec art par la chenille au moyen de fils de soie. D'autres larves se forment des coques résistantes avec de la sciure de bois agglomérée avec de la bave ou agglomèrent leurs poils en une bourre dont elles se font un cocon feutré. Certains cocons sont entièrement composés de soie; la finesse plus ou moins grande, la textilité de cette matière, nous rendent particulièrement précieuses certaines races de *Bombyx*, les *Séricigènes*. Cette soie est une matière visqueuse et filante, sécrétée par des glandes spéciales de la chenille, glandes salivaires modifiées et nommées glandes *séricigènes*, leur orifice extérieur, situé dans la lèvre inférieure, se nomme *filière*.

Certains de ces cocons soyeux sont blancs : ainsi de ceux des *Bombyx neustria* et *castrensis*. On remarque à l'intérieur de ces derniers une poussière jaune soufre : c'est de l'acide urique rejeté à l'état liquide par la chenille et qui s'est solidifié en grains très fins. D'autres sont d'un brun foncé, tels que ceux de notre grand paon de nuit (*Saturnia pyri*), tandis que ceux de la *Saturnia Diana* possèdent une belle teinte vert pré et que ceux de la *Saturnia trifenestrata* affectent la couleur et l'éclat de l'or moulu..

Lorsque les papillons renfermés dans des cocons quittent leur enveloppe de chrysalide, il leur faut user de divers artifices pour sortir de ces coques où ils ont accompli en paix leur dernière métamorphose. Les uns ramollissent avec leur salive les matériaux formant l'extrémité du cocon répondant à leur tête, de manière à en dissocier les éléments ou à en écarter les fils réunis par une substance gommée; d'autres ont eu la prévoyance, alors que, simples chenilles, ils construisaient cette demeure provisoire, de préparer des opercules mobiles ou assez faibles pour n'opposer qu'une molle résistance à leurs efforts.

« Certaines coques dures sont munies d'un opercule maintenu par quelques fils de soie, et qui s'ouvre, sous la pression du papillon, comme le couvercle d'une boîte à savonnette... la coque carénée d'*Halias quercana* s'ouvre en deux valves, comme une capsule, par la rupture facile des fils de soie qui les maintenaient autour de la chrysalide. » (M. Girard.)

Lorsque l'heure de la délivrance a sonné pour le prisonnier, l'étui de la chrysalide se fend longitudinalement sur le dessus du thorax et cette fente va, passant par la nuque, se continuer en dessous en passant entre les gaines des antennes. Par cette ouverture le papillon commence à sortir, et par efforts pénibles, s'aidant de ses pattes dégagées une à une de leurs étuis, il finit par abandonner sa dépouille inerte. Mais combien ce papillon fraîchement éclos a l'air gauche et timide! comment reconnaître dans cet être difforme, dont les ailes ne sont encore que des moignons chiffonnés, dont tout le corps paraît comme hérissé et mouillé, l'élégant insecte qui va voltiger bientôt sur les fleurs? Patience! La nature n'a pas encore fini son œuvre. Le papillon fraîchement éclos commence à secouer ses moignons d'ailes. Il tourne rapidement autour de sa dépouille, ses mouvements deviennent de plus en plus vifs, les battements d'ailes augmentent, et toujours la surface des ailes s'accroît : elles se déplissent enfin complètement. Au bout de quelques heures, même pour les espèces de grande taille, la dernière épreuve est terminée : le chef-d'œuvre de la création s'élance radieux dans l'espace.

La manière dont s'étendent et se déploient les ailes est fort curieuse, et le mécanisme de leur extension a été fort bien étudié et décrit par M. Künckel d'Herculais dans son beau travail sur l'organisation et le développement des Volucelles.

« .... Ainsi que le suppose von Gleichen, ainsi que le répète Lacordaire, ce n'est pas une liqueur particulière qui se glisse dans les espaces situés entre les nervures ou dans les nervures elles-mêmes, et disparaît en s'évaporant; c'est le sang lui-même, maintenu sous une pression constante par la contraction des muscles du thorax, qui pénètre entre les deux membranes de l'aile aussi bien que dans les nervures, injectant comme des vaisseaux les plus fines ramifications de ces nervures, jusqu'à ce que la dessiccation de l'aile soit assez grande pour que la membrane supérieure et la membrane inférieure s'accolent l'une à l'autre. Les nervures jouissent en outre d'une propriété remarquable : molles et sans consistance, lorsque la Mouche sort de sa pupe, elles se raffermissent, se durcissent peu à peu et acquièrent une rigidité qui va croissant; elles concourent ainsi à tendre la membrane de l'aile, absolument comme les baleines d'un parapluie servent à tendre l'étoffe qui les recouvre.

« Le défroncement de l'aile se partage en deux périodes : dans la première, la plus courte, il y a pression du sang et commencement de déplissement ; dans la seconde, la plus longue, il y a dessiccation des nervures et par suite extension des membranes situées entre les nervures.

« Si on examine l'aile d'un papillon, d'un Piéride du chou, par exemple, on trouve dans les nervures une grosse trachée gonflée d'air ; l'opinion de Carus sur le rôle exclusif de l'air, l'opinion de Swammerdam, de Réaumur, de M. H. Landois sur le rôle mixte de l'air et du sang dans le déplissement des ailes, sembleraient, d'après cela, devoir reprendre créance Il n'en est rien. La présence de l'air dans les nervures des ailes des Lépidoptères et des Névroptères est une conséquence de la dimension et du poids des organes du vol : les ailes, chez ces insectes, sont d'une étendue immense par rapport au volume du corps; la nature, pour favoriser le vol, s'est complu par un artifice ingénieux à les alléger. »

L'heure de l'éclosion varie suivant les espèces. En général, les papillons diurnes éclosent de grand matin, tandis que les Hétérocères choisissent plutôt les quelques heures qui précèdent la nuit; il semblerait que les uns attendent les rayons bienfaisants du soleil tandis que les autres leur préfèrent les reflets blafards de l'astre des nuits.

Après avoir quitté leur enveloppe de chrysalide, les papillons rejettent un liquide contenu dans leur intestin; c'est une sorte de méconium dont la coloration varie suivant les espèces. Chez certaines *Vanesses* ces déjections affectent une teinte rouge et laquée analogue à celle du sang, et l'abondance fortuite de ces taches sanguinolentes le long des murs ou des pierres dans les campagnes a terrifié jadis les populations, qui attribuaient ces « *pluies de sang* » à la colère du ciel.

« On ne croirait pas, dit Réaumur, que des excréments de Papillons fussent capables de remplir de terreur l'esprit des peuples; ils l'ont pourtant fait quelquefois et peut-être le feront-ils encore. Les historiens nous rapportent les pluies de sang parmi les prodiges qui ont effrayé des nations, qui ont annoncé de grands événements, des destructions de villes considérables, des renversements d'empires. Vers le commencement de juillet de l'année 1608, une de ces prétendues pluies de sang tomba dans les faubourgs d'Aix, et à plusieurs milles des environs. Elle nous eût été apparemment transmise pour être réelle et pour un grand prodige, si Aix n'eût eu alors un philosophe qui, embrassant tous les genres de connaissances, ne négligeait pas d'observer les insectes : c'est M. de Peiresc, dont nous avons la vie écrite par un autre grand philosophe, par Gassendi. Cette vie est remplie d'un très grand nombre d'observations curieuses. Entre celles que M. de Peiresc fit en 1608, celle de la cause de la prétendue pluie de sang est celle qui a plu davantage à M. Gassendi, aussi est-elle très belle.

« Le bruit de cette pluie se répandit à Aix vers le commencement de juillet, les murs d'un cimetière voisin de ceux de la ville et surtout les murs des villages et des petites villes des environs étaient tachés de larges gouttes couleur de sang. Le peuple et quelques théologiens les regardèrent comme l'ouvrage des sorciers ou du diable même. Des physiciens, qui attribuèrent cette prétendue pluie à des vapeurs qui s'étaient élevées d'une terre rouge, en donnaient une cause plus naturelle, mais qui ne fut pas encore du goût de M. de Peiresc. Une chrysalide, que la grandeur et la beauté de sa forme l'avaient engagé à renfermer dans une boîte, lui en fournit une meilleure cause. Le bruit qu'il entendit dans la boîte l'avertit que le papillon y était éclos. Il l'ouvrit, le papillon s'envola après avoir laissé sur le fond de cette même boîte une tache rouge de la grandeur d'un sol marqué. Les taches rouges qui se trouvaient sur les pierres soit à la ville, soit à la campagne, parurent à M. de Peiresc semblables à celle du fond de la boîte, et il pensa qu'elles pouvaient de même y avoir été laissées par des papillons. La multitude prodigieuse des papillons qu'il vit voler en l'air dans le même temps le confirma dans cette idée, un examen plus suivi acheva de lui en montrer la vérité. Il observa que les gouttes de la pluie miraculeuse ne se trouvaient nulle part dans le milieu de la ville, qu'il n'y en avait que dans les endroits voisins de la campagne; que ces gouttes n'étaient point tombées sur les toits, et, ce qui était encore plus décisif, qu'on n'en trouvait pas même sur les surfaces des pierres qui étaient tournées vers le ciel; que la plupart des taches rouges étaient dans les cavités contre la surface intérieure de leur espèce de route, qu'on n'en trouvait point sur les murs plus élevés que les hauteurs auxquelles les papillons volent ordinairement.

« Ce qu'il vit, il le fit voir à plusieurs curieux, et il établit incontestablement que les prétendues gouttes de sang

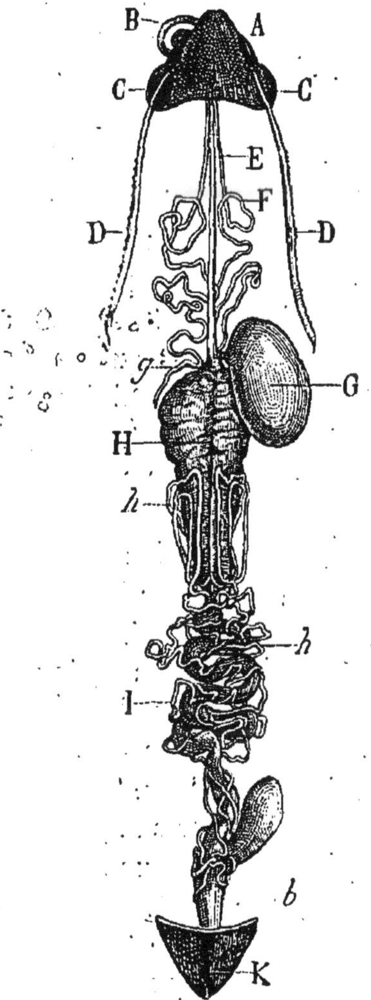

Fig. 48. — Système digestif d'un papillon (*Sphinx ligustri*).

A, tête; B, trompe; C, œil; D, antennes; E, œsophages; F, glandes salivaires; G. Jabot; H, estomac; h. canaux urino biliaires ou de Malpighi; I intestin; b, rectum; K, dernier anneau abdominal.

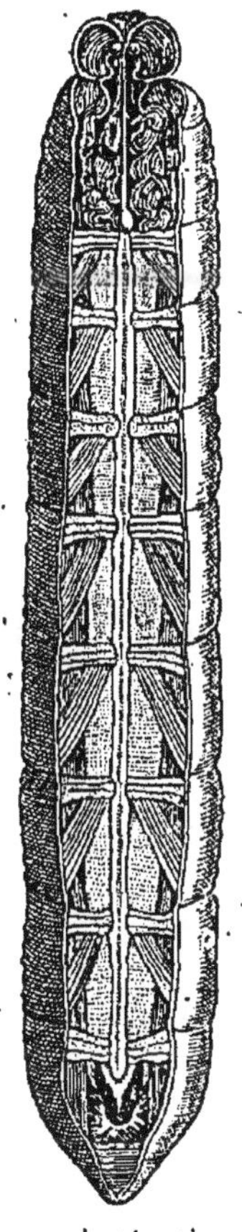

Fig. 49. — Anatomie de la chenille du Sphinx ligustri.

étaient des gouttes de liqueur déposées par des papillons. C'est à cette même cause qu'il a attribué quelques autres pluies de sang rapportées par les historiens et arrivées à peu près dans la même saison, entre autres une pluie dont parle Grégoire de Tours, tombée du temps de Childebert dans différents endroits de Paris et dans une certaine maison du territoire de Senlis; et aussi une autre pluie de sang tombée vers la fin de juin, sous le règne du roy Robert. »

Les différences anatomiques existant entre la chenille

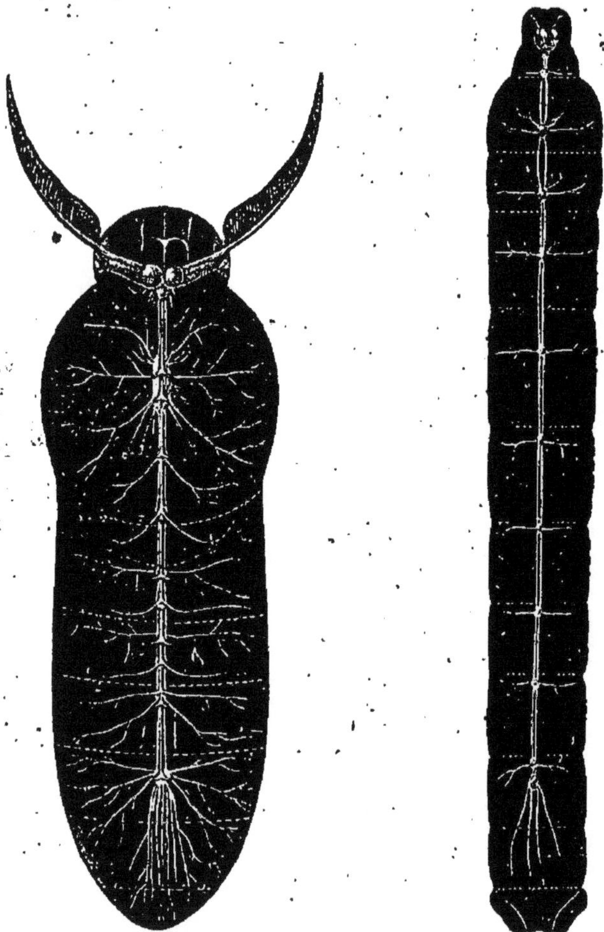

Fig. 50. — Système nerveux d'un papillon et de sa chenille (Ver à soie).

et le papillon sont aussi grandes que peuvent le comporter tant la diversité du régime que la modification générale des parties constituantes de ces deux formes d'un même être. La personnalité seule a subsisté, la matière a changé de forme; il y a identité d'essence, mais non de modalité. Ces différences sont assez appréciables sur les figures (48-50) pour que nous croyions utile d'en donner ici une description et d'entrer dans une énumération aride des parties intérieures tant de la chenille que du papillon, d'autant qu'à moins d'avoir fait une étude spéciale de l'anatomie des Articulés il est bien difficile de s'en faire une idée générale. En effet, les modifications qui viennent à se produire dans les divers appareils tant chez la larve que chez l'adulte sont loin d'être les mêmes pour tous les groupes.

Fig. 51. — Sylphes (*Sylpha 4-punctata* et *Thanatophila thoracica*) attaquant des chenilles, dont ces coléoptères détruisent de grandes quantités.

CHAPITRE III

Chasse aux Papillons. — Instruments. — Époques et localités. — Préparation. — Étalage. — Rangement des collections. — Recherche des chenilles et des chrysalides. — Élevage des chenilles. — Préparation des chenilles pour collections. — Soufflage.

L'amateur d'insectes qui veut former une collection de Papillons, la conserver et l'augmenter, se livre à une œuvre difficile, mais dont l'attrait ne sera pas sans donner de justes compensations à ses fatigues.

Ses excursions seront longues : il parcourra autant de pays que le chasseur; mais, laissant ce dernier s'en remettre à l'instinct d'un ou plusieurs chiens, il devra découvrir lui-même son gibier, éventer ses approches, déjouer ses ruses, pénétrer ses retraites. Plus modeste dans son triomphe, il ne fera pas retentir la forêt, témoin de ses belles captures, du son joyeux du cor, mais il reviendra paisiblement, et la nuit tombée l'arrachera à peine à son terrain de chasse. Chaque heure qui s'avance lui promet une nouvelle aubaine. Les heures chaudes de la journée lui ont offert les brillants papillons diurnes, le crépuscule lui a permis de saisir quelques beaux Sphinx, et voici que la lune se lève, éclairant les ébats des Noctuelles, des Phalènes et des Bombyx.

Le chasseur de papillons doit, avant toutes choses, avoir bon pied et bon œil et posséder les quelques armes nécessaires à sa chasse. Ces armes sont peu nombreuses et encore moins dispendieuses.

D'abord, le filet à papillons; puis la pelote garnie de

longues épingles, et enfin une boîte à fond liégé, destinée à contenir sa chasse, et voilà son attirail complet. Ajoutez à cela une paire de pinces, un flacon pour la récolte des petits papillons et un écorçoir pour creuser la terre, soulever les écorces et y découvrir les chrysalides.

Le filet à papillons est composé d'une poche en gaze ou en tulle, tenue ouverte par un cercle de fort fil de fer fixé à l'extrémité d'une longue canne. Cet instrument peut varier beaucoup de dimensions et le commerce en offre de plusieurs systèmes. Le préférable est encore le plus simple. Cet instrument doit être avant tout léger et solide, et son cercle doit avoir un pied environ de diamètre. Les cercles qui possèdent des brisures permettant de les plier et de les emporter dans la poche ne sont pas aussi solides que les cercles d'une seule pièce.

La poche est en général en gaze. Nous lui préférons le crêpe comme plus solide et s'altérant moins à la pluie. Cette poche doit être profonde d'au moins soixante centimètres, et ne pas se terminer en pointe, mais être arrondie du bout. Elle se monte sur un large ruban de fil solide, bien préférable à un ruban de soie qui s'use très vite par le frottement contre le cercle.

Il n'y a pas de modèle particulier pour la pelote à épingles. On doit donner la préférence à celles qui sont très plates, formées de deux disques de carton, entre lesquels se trouve du son, et reliés entre eux par un ruban dans lequel on enfonce les épingles. Le chasseur trouve avantage à porter cette pelote pendue à sa boutonnière, de manière à avoir toujours sous la main des épingles pour piquer ses captures.

Les épingles sont en laiton étamé ; les n°s 3, 4, 5, 6 et 7 du commerce sont les plus usités et la longueur préférable est de 36 millimètres. Certaines épingles provenant d'Autriche sont passées au vernis noir, ce qui leur donne l'avantage de ne pas s'oxyder, avantage précieux pour les papillons à chenilles xylophages. Les épingles ordinaires

Fig. 52 — Ustensiles pour la chasse aux papillons.

traversant ces papillons ne tardent pas à se couvrir d'une couche de vert-de-gris épaissie en houppe sur le corselet du papillon et produisant le plus mauvais effet.

Le chasseur portera en bandoulière sa boîte de chasse, destinée à renfermer les papillons piqués. Les meilleures boîtes de chasse sont en bois, celles en fer-blanc doivent être rejetées. En effet, par les fortes chaleurs les insectes renfermés cuisent littéralement dans ces boîtes métalliques et acquièrent une rigidité qui les rend cassants et oblige après à les *ramollir*, opération dont nous parlerons plus loin. Une bonne boîte de chasse doit être à peu près de la taille et du volume d'une moyenne boîte de peintre, 30 centimètres de long sur 18 de large et 8 de profondeur. Divisée en trois compartiments inégaux, ayant chacun leur couvercle indépendant, elle présente cet avantage de pouvoir renfermer insectes piqués, chenilles et chrysalides vivantes.

Le plus grand compartiment aura son fond garni d'une épaisse feuille de liège, ou mieux *d'agave*. Cette dernière substance est plus molle et les épingles fines s'y enfoncent plus facilement; en outre elles y restent mieux fixées malgré les chocs les plus forts. Nous savons que cette opinion ne sera pas sans rencontrer de contradicteurs, mais l'expérience que peuvent nous avoir donnée de longs voyages entrepris dans un but scientifique nous ont fait préférer l'agave au liège. Toutefois il faut que cet agave soit de très bonne qualité. Les moelles de l'Inde avec lesquelles on construit les casques blancs si connus à Calcutta sont ce qu'il y a de préférable pour cet usage.

C'est dans ce compartiment que l'on piquera les papillons au fur et à mesure de leur capture.

Le second et le troisième compartiment destinés aux chenilles devront se subdiviser en diverses petites cases où prendront place certaines chenilles carnivores qui feraient un massacre de toutes leurs co-détenues.

Les pinces sont destinées à saisir les objets que l'on

craindrait d'abîmer avec la main, mais elles ne sont que de peu d'usage pour le chasseur de papillons; elles sont plus utiles pour la préparation des récoltes, aussi en parlerons-nous plus loin.

Le flacon pour la récolte des petits papillons ou *Micro-lépidoptères* est d'une nature spéciale et demande une description détaillée :

C'est un flacon à large goulot, mais néanmoins de dimensions suffisantes pour tenir dans la poche. On dispose au fond un morceau gros comme une noix de *cyanure de potassium*. Cette matière, très toxique, demande à être maniée avec de grandes précautions, et l'on ne doit pas la prendre avec la main, car la moindre écorchure amènerait de terribles accidents, souvent mortels. Ce morceau de cyanure préalablement entouré d'amadou est enroulé dans un tampon de coton, et ce tampon est déposé au fond du bocal. On découpe ensuite un diaphragme de papier dont les bords relevés et dentelés se collent aux parois intérieures du flacon. Lorsque la colle a séché, on a ainsi isolé le cyanure du reste du flacon par une sorte de plancher de papier dans lequel on perce des trous avec une épingle. C'est par là que s'exhaleront les vapeurs d'acide prussique destinées à tuer les insectes. Un fort bouchon de liège fermera le flacon, et nous recommandons de l'y attacher par une ficelle, passant par son centre et nouée autour du goulot, de manière à ne pas le perdre si le flacon venait à se déboucher. En outre, il est prudent de coller du papier extérieurement tant sur le fond du bocal que sur la partie contenant le cyanure, afin que si l'appareil se brisait dans la poche, le cyanure ne vienne à s'échapper.

Ce dangereux engin ne peut être mis entre les mains des trop jeunes débutants. Ceux-ci pourront mettre au fond d'un flacon une petite éponge légèrement imbibée de benzine et entourée de papier brouillard, ou mieux fixer cette éponge dans un tube en verre, bouché extérieurement et traversant le bouchon du flacon. De cette manière les papillons pris dans le bocal n'auront aucun contact avec la benzine, dont les vapeurs suffiront pour les tuer. Toutefois il sera bon de laisser dans le flacon des bandes de papier brouillard pour absorber la vapeur d'eau.

L'écorçoir est un instrument en fer forgé, en forme de pioche ou de houlette, destiné à soulever les écorces ou à creuser la terre au pied des arbres pour découvrir des chrysalides. Les meilleurs sont les plus solides et les moins compliqués; ceux qui peuvent agir comme houlettes ou se replier comme des pioches ont le grand inconvénient de manquer de solidité. Nous recommandons un système d'écorçoir inventé par M. A. Clément. Cet instrument, dont un long usage a fait reconnaître les avantages, tant par cet artiste que par d'autres entomologistes, est très simple de construction et surtout d'une solidité à toute épreuve.

Une tige de fer d'environ trente centimètres de longueur et de la grosseur du pouce, ronde en sa première moitié, carrée en la seconde, est emmanchée par cette soie carrée dans un manche de bois qu'elle traverse et à l'extrémité duquel elle est rivée. L'extrémité ronde de la tige est taraudée. Là-dessus vient se visser un morceau de fer ou d'acier forgé formant fer de pioche. A l'un de ses bouts il affecte la forme d'un long fer de hache, à l'autre il s'étale en spatule ou cuiller tranchante. En son milieu élargi est percé un pas de vis dans lequel s'engage la tige du manche.

Aussi commode pour piocher dans la terre que pour couper les branches ou les racines, cet instrument a l'avantage de pouvoir être construit par n'importe quel forgeron. Les deux parties séparées occupent peu de place et peuvent même tenir dans la poche.

La chasse aux papillons demande beaucoup d'adresse, de patience et d'habileté. Il ne faut surtout pas croire qu'il suffise, pour former une collection de papillons, de s'en aller armé de toutes pièces, parcourir les prés et les bois, s'en remettant au hasard du soin de vous fournir des sujets. L'entomologiste doit avoir bien des notions diverses, et encore ces notions doivent-elles s'appuyer sur une longue expérience. Chaque espèce de papillon a son habitat particulier et son époque d'éclosion; certains d'entre eux ne vivent que quelques jours à l'état parfait, et tous ne sortent qu'à leurs heures. Telle quinzaine qui a vu éclore une espèce en a vu disparaître une autre. Parmi les papillons, les uns fréquentent les prairies, mais d'autres vivent confinés dans les bois; d'aucuns se plaisent dans les grandes forêts, tandis que ceux-ci recherchent les endroits humides, le bord des eaux, laissant à ceux-là la jouissance des terrains secs et arides. Les *Lycènes* et les *Piérides* voltigent dans les prés; les *Nymphalides* sont hôtes des grands bois. Si la *Vanessa cardui* ou Belle-Dame se plaît dans les terrains arides, les terrains humides attirent au contraire la *Vanessa levana*. Les marécages nourrissent les chenilles de certains *Lasiocampes*, tandis que d'autres proches parents vivent sur les arbres fruitiers, d'autres encore sur les pins.

Les mois les plus froids de l'année offriront au chasseur habile quelques espèces de Géomètres. Au mois de janvier il saura trouver les *Hibernia progemmaria* et *leucophæria* et en février d'autres espèces, *Phigalia pilosaria*, sur les troncs des châtaigniers; en ce mois commencent à paraître quelques Noctuelles, parmi lesquelles *Orthosia instabilis*, plus abondante en mars. Une fois le printemps arrivé, les espèces deviennent plus abondantes, et pendant la belle saison la chasse est plus agréable et plus fructueuse; l'automne n'est pas sans présenter de bonnes espèces, et les derniers beaux jours réservent encore au chasseur quelques intéressantes captures.

« Pour attraper un papillon diurne qui est posé, dit

Godard, il faut s'en approcher avec précaution et surtout lui dérober l'ombre du filet. S'il est à terre, on pose dessus cet instrument, puis on lève la gaze pour aider l'insecte à monter. S'il est sur une plante, sur un tronc d'arbre ou contre un mur raboteux, on le prend en remontant et on retourne de suite le fer pour que la poche se ferme.

« Quand l'animal est captif, on le cerne dans un des coins du filet, puis on lui presse doucement les côtés de la poitrine avec le pouce et l'index. Après cela on le pique sur le corselet, de manière que la pointe de l'épingle sorte entre la deuxième paire de pattes. »

Il est nécessaire de saisir le papillon dans le filet avec les plus grandes précautions, pour que ses ailes délicates ne se déchirent pas et ne perdent pas leurs écailles. Cette opération est particulièrement difficile pour les Sphinx, qui, robustes et agiles, glissent facilement entre les doigts. Le but que l'on se propose en serrant littéralement le thorax du papillon est, non de l'étouffer, mais de l'immobiliser. Cette compression froissant les muscles moteurs des ailes, amène une immobilité suffisante pour que l'insecte ne s'abîme pas en se débattant.

On pique dans la boite le papillon ainsi capturé et froissé et l'on poursuit d'autres victimes. Pour les papillons de nuit, qui se rencontrent souvent appliqués contre les murs, les troncs d'arbres, il est préférable d'user d'un autre moyen que le filet. On peut les piquer sur place soit avec une épingle soit avec une ou plusieurs aiguilles emmanchées; cette manière de procéder demande une main exercée, et souvent l'épingle glisse sur le dos du papillon, qui s'enfuit. Il est plus simple de recouvrir brusquement le papillon avec le flacon à cyanure, au fond duquel il ne tarde pas à tomber asphyxié par les vapeurs d'acide prussique; on le sort alors et on le pique. Les Microlépidoptères demandent encore plus de soin : dès que ces délicats petits êtres sont morts dans le flacon, on doit les mettre dans une petite boîte en carton, car on ne peut les piquer sur place.

On s'est beaucoup servi, pour récolter les Noctuelles en les faisant tomber des arbres sur lesquels elles se tiennent en plein jour, d'un maillet avec lequel on frappait brusquement les troncs. Ce maillet, dont l'usage attire souvent aux entomologistes qui l'emploient des démêlés avec les gardes forestiers, est cylindrique, entouré d'une lourde feuille de plomb, et recouvert d'un cuir épais pour amortir le choc contre l'écorce. Malgré cette précaution, on ne saurait préconiser l'emploi de cet instrument funeste aux arbres à bois tendre et surtout aux arbres résineux. D'ailleurs, il est bien difficile, la plupart du temps, de retrouver les Noctuelles qui se laissent ainsi tomber dans les herbes où elles disparaissent. Il faudrait, pour que ce genre de chasse fût couronné de succès, tendre une nappe sous l'arbre ainsi secoué.

M. Clément nous indique un moyen de prendre les *Zygènes* trop original pour ne pas être cité. Ces papillons, assez paresseux d'allure, restent volontiers accrochés dans les prairies après les longues tiges des herbes au bout desquelles on les voit se balancer. On peut les saisir par les antennes avec les doigts, et la *Zygène*, ainsi appréhendée, ne remue pas plus que si elle était morte, et se laisse facilement piquer.

Si beaucoup de papillons nocturnes se prennent en plein jour, tant au vol qu'au repos, la grande majorité d'entre eux doit se chasser le soir, et la nuit tombée.

C'est au crépuscule qu'on voit les Sphinx venir bourdonner sur les fleurs dans les jardins et les prairies, les clairières des bois. Dans nos jardins, les pétunias, le chèvrefeuille, les géraniums, attirent les *Sphinx ligustri* et *convolvuli*, quelquefois l'*Acherontia Atropos*, et souvent le *Deilephila Elpenor* et les *Smerinthes*. Autour des sauges bourdonnent les *Deilephila porcellus* et *Euphorbiæ*. A la même heure les Noctuelles et les Bombyciens ne tardent pas à voltiger silencieusement. Si une lumière brille non loin des endroits où tous ces papillons prennent leurs ébats, ils accourent et s'empressent autour des lampes ou viennent se cogner lourdement contre les vitres qui les en séparent.

C'est à cette heure que le chasseur parcourt les endroits propices, armé de la lanterne et du filet. Malheur aux imprudents qu'attirent ces feux perfides! Ils volent à la mort, et le collectionneur n'en est bientôt plus qu'à faire un choix parmi ses victimes. D'autres fois l'entomologiste ne prendra absolument rien, encore heureux si quelques Géomètres et Teignes sans intérêt, modestes trophées de son expédition, lui permettent de ne pas rentrer « buisson creux ». Cet échec ne refroidit pas son ardeur; il saura tendre des piéges aux malheureux Lépidoptères et spéculera sur leurs appétits pour les mener à la mort.

Un des moyens les plus employés pour la chasse aux papillons de nuit, et le meilleur de tous, est assurément la *miellée*. Laissons ici parler un lépidoptérologiste autorisé, Berce :

« Un autre genre de chasse très productif, auquel il est aisé de se livrer quand on réside à la campagne, est la chasse à la *miellée*. Cette chasse peut se faire toute l'année, mais c'est surtout pendant les mois de septembre et octobre qu'elle produit les meilleurs résultats. Elle consiste à délayer dans l'eau, du miel, de la mélasse ou autres matières sucrées, et à enduire de cette préparation, avec un pinceau, au coucher du soleil, une surface plus ou moins grande dont on a fait choix d'avance. Quand la nuit est arrivée, on vient inspecter avec une lanterne les arbres ainsi préparés, sur lesquels on trouve attablés bon nombre de Noctuelles et Géomètres, qui se laissent facilement piquer sur place et que l'on prend souvent aussi fraîches que si on les avait élevées. On peut renouveler plusieurs fois sa visite dans la même soirée.

« Quand un endroit paraît propice pour faire une miellée, mais que les arbres manquent, comme sur les bords d'un marais, d'une prairie, d'un champ de bruyère, etc., on supplée au défaut d'arbres en plantant des piquets qu'on enduit de la préparation miellée, ou en tendant de fortes cordes qu'on a préalablement frottées de son appât.

« Il nous reste à parler d'un autre procédé.... On se procure des pommes connues dans le commerce sous le nom de pommes au four, pommes tapées, on les coupe en deux, dans leur grand diamètre, puis on les fait ramollir dans de l'eau pendant une heure environ. A l'approche de la nuit, on imprègne ces morceaux de pomme, préalablement égouttés et essuyés, de quelques gouttes d'*éther nitreux*, puis on les suspend par une ficelle aux branches des arbres. En cet état, elles doivent exhaler une forte odeur de *reinette*, et si le lieu est bien choisi et le temps favorable, on ne tarde pas à voir arriver un grand nombre de Noctuélites et de Géomètres; ils se fixent sur ces pommes, en sucent le liquide avec avidité, et ne tardent pas à se griser et à rester dans une immobilité complète; c'est alors qu'armé d'une lanterne et d'un large flacon préparé au cyanure, on fait la visite de ses appâts; lorsqu'on en voit un chargé de papillons, on le plonge dans le flacon, on le secoue légèrement de manière à en détacher les Noctuelles, puis on passe à un autre. Il est bien entendu que le flacon sera bouché immédiatement de façon à tuer les captures.

« Ce procédé, si simple et si facile à pratiquer, permet de recueillir des papillons parfaitement frais, et donne souvent d'excellents résultats; nous disons souvent, car il ne faudrait pas se décourager si quelques soirées ne produisaient rien ou peu de chose, c'est une règle assez générale et dont voici un exemple. Un de nos amis, qui pratiquait cette chasse pour la première fois, n'a absolument rien pris les deux premiers jours, mais le troisième, soixante-quinze Noctuelles ont été capturées en quelques instants. Il est important de ne mettre sur les pommes qu'une petite quantité d'éther nitreux, afin de ne pas masquer l'odeur de reinette, qu'elles doivent exhaler, par une odeur alcoolique qui n'attire plus les papillons. »

Si l'on a la bonne fortune de se procurer quelque femelle vivante d'une bonne espèce de Bombycien, on pourra aisément se procurer beaucoup de mâles, en spéculant sur l'acuité prodigieuse des sens de ces derniers. Nous avons dit, en parlant des sens chez les Papillons, la faculté qu'avaient les mâles de Bombyx de découvrir leurs femelles à de très grandes distances. Donc le meilleur moyen consiste à piquer la femelle sur un arbre ou sur l'appui d'une fenêtre. On ne tardera pas à voir voltiger des mâles autour d'elle. Si on laisse la femelle passer la nuit dehors, on aura la chance d'avoir une ponte fécondée et de pouvoir élever des chenilles, et c'est là le vrai moyen d'avoir, par éclosion, de beaux papillons bien frais.

Revenu de la chasse, le chasseur d'insectes doit s'occuper de préparer ses captures. Si le temps a été très chaud, il fera bien de ne pas remettre au lendemain la préparation de celles de ses victimes que la rigidité de la mort a déjà saisies ; il faut qu'il les étale sans différer. Il lui faut aussi tuer les malheureux qui se débattent, empalés au fond de la boîte, et qui, dans leurs essais infructueux d'évasion, ne peuvent qu'endommager leur brillante livrée.

Certains fumeurs enfoncent une longue aiguille dans le tuyau d'une pipe, l'en retirent chargée de jus de tabac et embrochent, avec cette arme empoisonnée, les pauvrets, qui ne tardent pas à mourir. Les entomologistes, auxquels ne répugnera pas ce procédé barbare, devront bien se rappeler que l'aiguille doit être enfoncée longitudinalement dans le corps du papillon, du dessous de la tête à l'extrémité de l'abdomen. Un moyen encore plus cruel consiste à faire rougir une aiguille qui traverse le corps des infortunés papillons; mais, en dehors de son caractère odieux, cette manière de procéder a l'inconvénient d'abîmer souvent les insectes.

Le meilleur moyen de tuer les papillons consiste dans l'emploi du cyanure de potassium, soit qu'on emploie un très large bocal préparé comme le flacon de chasse, soit qu'on lui préfère un petit seau de verre ou de porcelaine bouché hermétiquement avec un disque, et au fond duquel on met du cyanure. On pique les papillons sur la face inférieure du large bouchon, et au bout de peu de temps les émanations du cyanure ont tué tous les insectes, même les plus grosses espèces. Il sera bon après de changer les épingles, que le cyanure altère et rend cassantes.

Fig. 53. — Chenille du Bombyx de la ronce attaquée par un champignon parasite (*Isaria farinosa*).

On procède ensuite à l'étalage des papillons, opération qui a pour but de donner à leurs ailes l'attitude qu'elles ont à un certain moment du vol, attitude que l'insecte doit garder dans les boîtes de la collection et qui permet l'examen des quatre ailes.

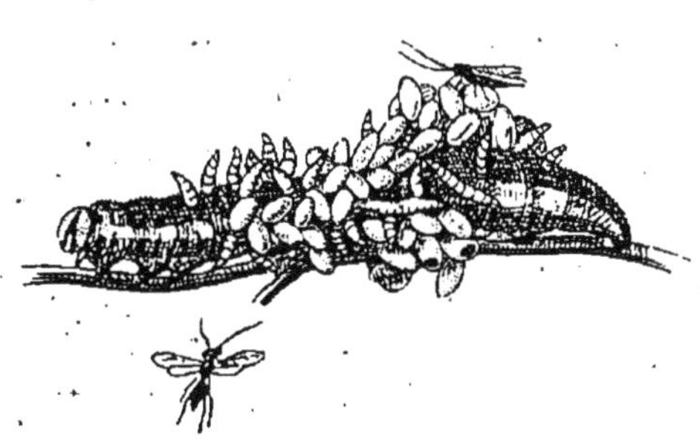
Fig. 54. — Chenille de la Piéride du chou attaquée et dévorée par les larves d'un petit hyménoptère, le *Microgaster glomerator*[1].

L'étaloir est un petit appareil en bois tendre et léger. Il se compose essentiellement d'une planchette épaisse, dont le milieu est creusé

1. Les ichneumons pondent leurs œufs dans le corps des che-

d'une rainure. Cette rainure, plus ou moins large suivant la grosseur du corps des papillons à étaler, profonde d'au moins deux centimètres, est garnie au fond d'une bande de liège ou d'agave. De chaque côté la planchette se relève en pente douce, et il est nécessaire que sa surface soit bien égale et poncée.

Fig. 55. — Ammophile emportant une chenille de Noctuelle.

Pour étaler un papillon, dit Godart, « on enfoncera dans le milieu de la rainure, et perpendiculairement à celle-ci, l'épingle qui traverse le corselet du papillon, puis on attachera par son extrémité antérieure, à l'aide d'aiguilles à tête de cire ou d'émail, une bande de papier, de façon qu'elle n'empêche pas l'aile supérieure de monter aussi haut qu'il est nécessaire; on fait mouvoir cette aile en la prenant légèrement au-dessous de la principale nervure avec la pointe d'une aiguille emmanchée d'un petit bâton; et pour que cette aile ne se dérange pas, on appuie la bande dessus avec l'index de la main gauche; on place ensuite l'aile inférieure, et on la retient en position en pesant de la même manière sur l'extrémité postérieure de la bande, que l'on arrête avec une seconde aiguille. On fait la même chose pour les deux ailes du côté opposé. »

Mais les papillons ne sont pas toujours assez frais pour qu'on puisse les étaler; et d'ailleurs on reçoit souvent de

nilles; de ces œufs sortent des larves qui dévorent lentement leur hôte, puis se métamorphosent dans la chrysalide ou sur sa peau de chenille. Ainsi s'explique la présence de ces longues mouches sortant d'une chrysalide à la place du papillon attendu par l'amateur. Les Ammophiles (54) enlèvent les chenilles et les entassent dans leurs terriers pour servir de nourriture à leurs larves.

ces insectes piqués depuis longtemps, mais non étalés, et ils sont tellement secs et cassants qu'il faut les ramollir.

Cette opération de ramollir les insectes est simple et assez rapide. On dispose dans un plat creux du grès mouillé, et l'on recouvre ce plat d'une cloche de verre, s'appliquant sur ses bords d'une façon assez intime

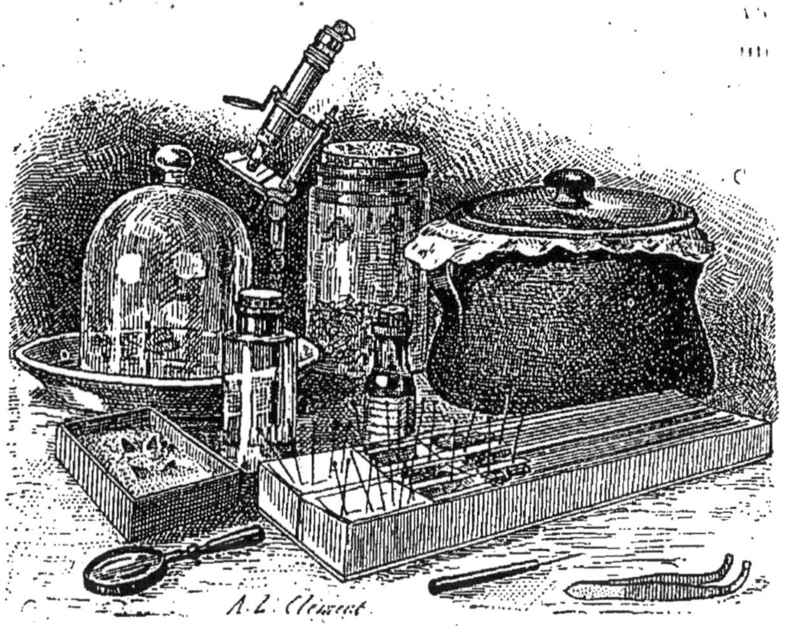

Fig. 56. — Principaux instruments pour la préparation des papillons.

pour obtenir une fermeture hermétique. On pique les papillons à ramollir sur le grès mouillé, en évitant toutefois qu'ils n'y touchent, ce qui pourrait les gâter. Vingt-quatre heures pour les petites espèces, deux ou trois jours pour les grosses, suffisent généralement pour rendre aux Lépidoptères ainsi renfermés toute leur souplesse. Il est bon de répandre de temps en temps quelques gouttes d'acide phénique sur le grès, afin de combattre les moisissures qui pourraient se développer sur certains gros papillons longs à ramollir.

M. Berce nous apprend que plusieurs *Lycæna*, ainsi que les Géomètres vertes, perdent souvent leurs couleurs sous le ramollissoir, et donne un moyen pour ramollir ces insectes sans les détériorer : « Ce moyen consiste à préparer un vase en verre ou en faïence, auquel on ajuste un bouchon de liège fermant hermétiquement; au fond de ce vase on met des feuilles de laurier-cerise (*Cerasus laurocerasus*) que l'on aura hachées menu, sur une épaisseur de 2 à 3 centimètres; on pique alors sur le bouchon les papillons que l'on veut ramollir ou conserver frais, et on le remet sur le vase. On peut de cette manière conserver et ramollir toutes les espèces de papillons, et pendant un laps de temps qui peut durer, selon notre expérience, de quinze à vingt jours. Les seules précautions à prendre sont celles-ci : choisir les feuilles de laurier-cerise bien mûres, et non les jeunes pousses, les essuyer si elles sont mouillées, tenir le vase au frais et dans l'obscurité, le visiter souvent, et, si l'on aperçoit quelque trace d'humidité, le déboucher et l'essuyer, changer les feuilles lorsque l'on s'aperçoit qu'elles jaunissent ou qu'elles ont quelque trace de moisissure. Ce procédé est excellent et n'altère en rien les couleurs les plus tendres; nous le recommandons spécialement toutes les fois que l'on pourra le mettre en pratique. »

Les papillons, une fois bien secs, seront retirés de l'étaloir. On peut alors les ranger dans les boîtes de la collection. Chacun dispose ces boîtes à sa fantaisie; la forme en tiroir est généralement préférée. Garnies de liège recouvert de papier blanc, ces boîtes doivent être vitrées. En effet, il faut les ouvrir le moins possible, car l'air, que l'on comprime en refermant le couvercle, pèse sur les ailes, les ébranle et finit à la longue par les détacher. Il est utile de mettre dans un coin de chaque boîte un tampon de coton ou un morceau d'éponge, fixé par une épingle et imbibé de benzine ou de sulfure de carbone. Les vapeurs tueront ou éloigneront tous les insectes si nuisibles aux collections, *Anthrènes, Dermestes, Ptinus, Teignes*. Si l'on venait à s'apercevoir qu'un papillon de la collection fût attaqué, ce que l'on reconnaîtra à un tas de fine poussière amassée sous lui, il faudra le retirer aussitôt de la boîte et le mettre, pendant quelques heures, soit dans le flacon à cyanure, soit dans une boîte hermétiquement fermée et contenant une éponge imbibée de sulfure de carbone. Au bout de six heures on peut le retirer sans crainte, les parasites sont morts, et souvent la vue de leur cadavre, gisant tristement au fond de la boîte ou du bocal, procure à l'entomologiste la satisfaction d'une vengeance méritée. Il n'est pas loin, malgré les émanations néfastes du cyanure ou les vapeurs nauséabondes du sulfure de carbone, de penser, comme Vitellius, que le cadavre d'un ennemi tué sent toujours bon.

D'autres ennemis attaquent aussi les collections, et l'un des plus terribles d'entre eux est la moisissure, fléau qu'il est plus facile d'éviter que de combattre, car un papillon moisi est presque toujours perdu. Pour obvier à cet inconvénient, il faut tenir ses collections dans un endroit très sec et les visiter souvent. Un autre danger des emplacements humides, ce sont les *Acarus*, aussi redoutables que les champignons des moisissures. Généralement le papillon attaqué par ces parasites *tourne au gras;* il présente dans cet état un aspect mouillé qui lui donne l'air d'avoir été trempé dans l'huile. Le seul remède à porter à cet état de choses est le suivant :

Tremper l'insecte gras dans la benzine, le piquer dans une petite boîte et le recouvrir de terre de Sommières en poudre. A défaut de cette dernière substance on peut se servir de terre glaise, d'argile à potier, bien séchée et pulvérisée. Vingt-quatre heures ou quarante-huit heures après on peut retirer le papillon, et bien l'épousseter avec un blaireau très doux.

Si l'on avait le malheur de casser quelque partie d'un papillon, de lui déchirer une aile, on recolle les parties séparées avec de la gomme laque dissoute dans de l'alcool un peu fort à consistance sirupeuse. La gomme arabique ne saurait rendre aucun service pour cet usage. Quant au classement de la collection, il devra être aussi méthodique que possible. Les noms d'espèce, de genre et de famille seront écrits sur des étiquettes fixées au fond des boites par des petites épingles qui, en permettant la mobilité, faciliteront les remaniements. Il est très utile de piquer à l'épingle supportant le papillon une petite étiquette contenant la patrie exacte de l'insecte, la date du mois et l'année de sa capture. Faute de ces renseignements, une collection même riche en espèces perd beaucoup de son intérêt; ce n'est, en effet, que d'après les localités ainsi inscrites dans les collections et relevées par les auteurs, que l'on a pu faire les faunes, et surtout les faunes locales dont l'importance est si grande.

En outre, tout collectionneur sérieux aura un livre de chasse où il inscrira, au retour de chaque excursion, le nom et le nombre de ses captures et les renseignements qu'il aura recueillis sur leurs mœurs.

Nous avons déjà dit que le meilleur moyen d'obtenir de beaux papillons était soit d'élever des chenilles, soit de rechercher les chrysalides.

Cette dernière chasse doit se faire surtout au pied des arbres où les chrysalides s'enterrent, soit sous les écorces; le pied des vieux murs, les chaperons, doivent aussi être explorés avec soin. Toute époque est bonne pour cette chasse, car chaque espèce se chrysalide à des époques différentes.

Ainsi pendant l'hiver et au premier printemps on peut rechercher les coques ligneuses des Harpya et des Dicranura, fixées au bas des chênes, des trembles et des peupliers Si à la même époque, on explore les écorces des ormes, on y trouvera, en les soulevant, des chrysalides de Noctuelles *Acronycta aceris, psi, A. megacephala* sous l'écorce des peupliers, *A. ligustri* sous celle des frênes.

A la même époque, au pied des ormes, en fouillant la terre on déterrera des chrysalides de *Smerinthus tiliæ*, de *Tæniocampa miniosa* et *ambigua*, et d'un grand nombre d'autres Noctuelles et de Géomètres ; et au pied des peupliers celles du *Smerinthus populi, Tæniocampa populi*, etc.

A la lisière des bois, au pied des chênes, enterrées ou sous la mousse, se trouvent aussi, mais en été, les chrysalides d'un certain nombre de Noctuelles.

« Septembre et octobre, dit M. Berce, sont la meilleure époque pour la recherche des chrysalides. Plus tard, elles deviennent d'autant plus rares que la saison est plus avancée : la différence est dans la proportion de 2 à 8 en janvier.

« Les seules choses nécessaires dans cette chasse sont : un écorçoir et une petite boîte garnie de mousse, pour contenir les chrysalides, qui seront prises en main le moins possible, et avec beaucoup de précautions.

« Les meilleures localités sont les parcs et les vergers où il y a des arbres disséminés, les arbres autour desquels les animaux domestiques ont enlevé le gazon, ceux situés sur le bord des rivières, des digues, etc. ; un sol sec et friable est le plus avantageux pour cette chasse.

« Lorsqu'on a rencontré ces conditions, on introduit l'écorçoir à environ vingt centimètres du tronc et à la profondeur de dix centimètres ; on éparpille la terre, on examine aussi la partie découverte par l'enlèvement de la terre, et l'on tâte doucement, pour tâcher de découvrir les cocons qui sont adhérents à l'arbre et aux racines ; si cependant celles-ci sont fortement entrelacées, il n'y a pas d'avantage à les examiner. On doit visiter aussi avec beaucoup de soin les nœuds et les crevasses formés dans l'écorce; on est souvent étonné du peu de dimensions des trous ou crevasses par lesquels une chenille peut pénétrer. »

La chasse aux chenilles est plus difficile et demande des connaissances variées de la part du chasseur. Il faut, en effet, qu'il connaisse les plantes sur lesquelles se plaisent les chenilles de l'espèce qu'il convoite, et cette chasse est encore moins sujette que celle des papillons aux hasards et à la fortune des bonnes rencontres. Le choix des terrains, des époques, a une importance capitale, la connaissance des mœurs des chenilles, une plus grande encore. Comment découvrir les chenilles habitant les tiges fistuleuses de certaines plantes, si l'on ne connait pas leur régime? D'ailleurs les chenilles se dissimulent en général merveilleusement parmi les feuilles, et il faut l'œil exercé de l'entomologiste pour les y découvrir. Seules quelques espèces communes errent sur le sol ou grimpent le long des arbres.

Le chasseur de chenilles doit emporter avec lui un parapluie à baleines recouvertes d'étoffe. Battant avec une gaule les arbustes et les buissons, il fera tomber dans ce parapluie un grand nombre de chenilles. En dehors de la boîte de chasse à compartiments dont nous avons déjà parlé, le chasseur devra être muni soit d'une grande boîte de botanique, soit d'un sac en toile pour rapporter des provisions de plantes, nourriture de ses élèves.

« Pour élever les chenilles, obtenir leur transformation en chrysalides, et leur métamorphose en papillons aussi parfaits de coloration que de forme, il faut s'armer de patience et entourer ses pensionnaires de soins vigilants. Il ne suffit pas de les enfermer dans des boîtes étroites où l'air reste confiné, de leur dispenser de temps à autre, d'une main avare, une nourriture flétrie; et croire que, débarrassé de tout souci, on n'aura plus qu'à attendre l'éclosion des papillons; la maladie ne tarderait pas à faire de nombreuses victimes dans ces éducations misérables, et si quelques chenilles parvenaient à se métamorphoser, elles ne donneraient que des papillons avortés, aux ailes fripées ou recroquevillées. » (Künckel.)

Les petites espèces s'élèvent très bien dans des pots à fleurs recouverts d'un couvre-plat en toile métallique. On remplit le pot de terre jusqu'à moitié, et l'on enfonce dans cette terre une bouteille remplie d'eau dans laquelle trempe la branche destinée à la nourriture des chenilles. Il faut bien faire attention de changer souvent les feuilles et de donner toujours à ses élèves une nourriture fraîche. De temps en temps on pourra les arroser d'une pluie fine au moyen d'un pulvérisateur.

Il arrive souvent que les chenilles se noient dans les flacons où trempent les branches; on obviera à cet inconvénient en prenant des bouteilles à goulot très étroit, ou en les bouchant avec un bouchon de liège percé d'un trou par lequel passera la branche, ou plus simplement avec un tampon de mousse.

Pour les grandes espèces l'installation la plus favorable consiste en grandes boîtes d'environ 60 centimètres de côté. Elles doivent être en bois, garnies en dessus et sur trois côtés de toile métallique, le quatrième muni d'une vitre, un de ces côtés formant porte.

Le fond de la boîte sera garni d'une couche de mousse fraîche que l'on aura soin de nettoyer souvent, car les excréments des chenilles en s'amassant, pourraient engendrer de la moisissure. Les branches se mettent dans des vases pleins d'eau, et il faut toujours avoir soin de bien fermer le goulot pour que les chenilles n'y tombent pas. Les chenilles qui s'enterrent pour se chrysalider devront s'élever dans des pots à fleurs remplis à moitié de terre de bruyère ou de terre de jardin mélangée par moitié avec du sable fin.

« Les chenilles des Noctuelles, principalement des genres *Agrotis*, *Chœrœas*, *Cerigo*, etc., vivent de graminées et de leurs racines; elles sont plus difficiles à élever que celles qui vivent de plantes basses; on a néanmoins quelque chance de réussir en s'y prenant de la manière suivante. On prend un grand pot que l'on remplit aux trois quarts de bonne terre, sur laquelle on met une belle motte de gazon; on arrose bien afin de la faire reprendre et végéter, et l'on recouvre par un des moyens que nous avons indiqués. Ce pot doit être préparé d'avance, et laissé en plein air et à la pluie, jusqu'à ce qu'on obtienne une belle touffe de gazon. Les chenilles ne demandent pas d'autres soins que ceux d'entretenir la terre humide et d'empêcher l'herbe de se faner. » (Berce.)

L'éducation des petites chenilles sortant des œufs, après que l'on a pu obtenir une ponte fécondée, est fort délicate, surtout si elles doivent passer l'hiver; il faut les garder en plein air dans un pot bien garni de mousse, et ne les mettre à l'abri que lorsque la neige ou la pluie deviennent trop abondantes. Dès que les bestioles, au printemps, sortent d'elles-mêmes de leur retraite, il faut leur donner à manger sans retard. . . .

En thèse générale, il faut faire toutes ses éducations en plein air; si l'on n'a pas de jardin, une terrasse ou un balcon pourront y suppléer. Il faut toutefois éviter que les boîtes contenant les chenilles soient exposées à la pluie, à la neige ou au grand vent, la trop grande ardeur du soleil est aussi préjudiciable. . . . . .

« Mais il est un procédé d'éducation que l'on devra préférer toutes les fois qu'on pourra le pratiquer : c'est l'élevage direct sur les plantes et les arbustes, soit à l'air libre, soit dans un jardin.... Pour cela on dispose les chenilles sur des rameaux bien choisis... et on enveloppe les rameaux d'un manchon de toile ou de fort canevas coulissé aux deux extrémités. Ainsi protégées du bec des oiseaux et privées de la liberté, les pensionnaires croissent rapidement ; on n'a qu'un souci, celui de les changer de rameaux pour leur assurer une provende abondante et de surveiller l'époque de leurs métamorphoses. » (Künckel.)

Certains collectionneurs ont l'excellente idée de garder dans leur collection les métamorphoses complètes des papillons, c'est-à-dire la chrysalide, le cocon et la chenille. Les chrysalides ne demandent pas de préparations, et se conservent fort bien sèches sans perdre ni leur volume ni leur forme ; il n'en est pas de même des chenilles, et l'on s'est ingénié à trouver divers moyens de leur conserver leur forme et leur couleur.

Le moyen le plus pratique consiste à les conserver dans l'alcool ; mais, de même que tous les animaux mous, les chenilles y altèrent leurs formes et changent de couleur.

Un autre procédé, délicat à employer, est le soufflage. Il consiste à vider complètement la chenille ; on obtient ce résultat en la comprimant fortement entre les doigts de manière à rompre le tube digestif et à faire sortir toute la masse des viscères par l'anus. La chenille ainsi vidée par des compressions successives n'est plus qu'une peau humide et aplatie. On introduit alors par l'anus une paille que l'on fixe en liant la peau tout autour et en l'arrêtant avec une épingle. On souffle par cette paille, et la peau de la chenille ainsi insufflée ne tarde pas à reprendre sa forme et son volume primitifs.

On a fait chauffer d'avance un manchon de tôle sur un fourneau ; lorsque ce large tube est fortement échauffé, on introduit la chenille dedans, en ayant soin de ne pas la faire toucher aux parois brûlantes. Puis on continue à souffler jusqu'à ce que la peau, complètement sèche, garde sa forme. On coupe alors la paille, et la chenille dite *soufflée* peut être mise en collection.

Les chenilles ainsi préparées ont l'avantage de pouvoir

se piquer dans les boîtes à côté des papillons, mais elles sont en général distendues, boursouflées et décolorées, transparentes et incolores comme la baudruche. Il faudrait avoir le talent et la patience de les repeindre, ce que font certains amateurs.

CHAPITRE IV

Rhopalocères ou Diurnes. — Classification. — Premières familles : Papilionides. — Héliconides. — Danaïdes et Piérides.

Les Papillons diurnes ou *Rhopalocères*, ainsi nommés de la forme de leurs antennes, dont le bouton terminal représente une massue, se divisent assez naturellement en huit grandes familles :

1° Les *Papilionides* ou *Équitides*.

Antennes relativement courtes, à forte massue. Ailes

Fig. 57. — Leptocircus curius de Java.

antérieures ayant de onze à douze nervures, ailes postérieures n'ayant qu'une seule cellule marginale interne, et terminées le plus souvent par une queue. Les pattes de la première paire ne sont jamais en palatine, mais sont au contraire bien développées. Chrysalides succinctes, c'est-à-dire attachées au plan de suspension par un fil de soie formant ceinture. Chenilles pouvant faire sortir de la région dorsale de leur premier anneau deux tentacules charnus.

Fig. 58. — Ornithoptera Heliaca.

Les principaux genres de cette famille sont : *Ornithoptera*, *Papilio*, *Leptocircus*, *Parnassius*, *Doritis*, *Thaïs*.

Les Ornithoptères paraissent être les géants du groupe, les Leptocircus sont au contraire les plus petits. Ces Papilionides ou Équitides, Chevaliers de Linnée, sont tous de grands et beaux papillons. Si quelques-uns d'entre eux habitent les pays tempérés, le plus grand nombre se rencontre dans les pays chauds. Les forêts humides de l'Indo-Chine, de la péninsule et de l'archipel malais, de la Nouvelle-Guinée servent d'asile aux plus belles formes, aux plus brillants enfants de cette remarquable famille. Au contraire les montagnes des régions tempérées, les régions montueuses de l'Europe boréale présentent de jolies espèces à la livrée modeste et harmonieuse.

Le genre *Ornithoptère* est limité entre les Indes orientales et l'Australie, et habite surtout l'archipel malais et les îles de la Papouasie. Ce sont de grands papillons, les plus grands Rhopalocères connus mesurant jusqu'à 18 centimètres d'envergure. Leurs ailes supérieures, longues et étroites, leurs ailes inférieures entières, sans queue, les distinguent des *Papilio*, dont ils se rapprochent d'ailleurs beaucoup.

Citons le bel Ornithoptère Priam (*O. Priamus*), dont les ailes de velours noir portent des bandes vert émeraude; cette belle parure est l'apanage des mâles, les femelles sont d'un brun terne tacheté de blanc. Ce beau papillon habite les îles de la Nouvelle-Guinée. Citons encore l'*O. Brookiana*, dédié au radjah Brooke, dont les ailes supérieures, longues et étroites, ressemblent à celles d'un Sphinx, Bornéo; *O. Richmondi*, d'Australie; *O. Cresus*, des Moluques, surtout dans l'île de Batchian, etc.

Le genre *Papilio* nous intéresse davantage, car c'est à lui qu'appartiennent nos espèces indigènes, les grands Porte-queues *Flambé et Machaon.*

Les *Papilio* se reconnaissent facilement à leurs ailes inférieures dentelées et terminées par une queue, bien que certaines espèces en soient dépourvues. Ce sont de grands papillons élégants de forme et de couleur, répandus dans le monde entier.

Les environs de Paris nous en offrent deux espèces, le *Machaon* et le *Flambé.*

Le Machaon (*P. Machaon*) est d'un beau jaune tacheté de noir. Les ailes postérieures portent inférieurement une large bande de cendre bleue sur fond noir; au coin intérieur de l'extrémité de l'aile on remarque un œil rouge. Ces ailes sont terminées par une queue effilée.

La chenille est fort belle, d'un vert tendre avec des bandes de velours noir, bandes sur lesquelles ressortent des points rouges. Lorsqu'on l'inquiète elle fait sortir de derrière sa tête deux caroncules orangés exhalant une odeur fétide. Elle vit en mai et en septembre sur le fenouil, la carotte, le cumin. Le papillon, ou Grand Porte-Queue, n'est pas rare en juillet et en août dans les prairies, les champs de trèfle et de luzerne. On trouve le Machaon dans toute l'Europe. Deux autres espèces voisines habitent l'Europe. Le *P. Alexanor* des Basses-Alpes et le *P. Hospiton* de la Corse et de la Sardaigne.

Le second *Papilio* de nos environs est le Flambé, *P. Podalirius*, aux ailes d'un blanc jaunâtre, avec des bandes noires transversales, à peu près parallèles au corps, simulant des flammes. Les queues sont longues et fines, noires, terminées de jaune. La tache oculaire de l'aile inférieure est noire, rouge et bleue. La chenille, renflée en avant, plus étroite en arrière, verte ou jaune roussâtre, avec des points rouges, et des lignes jaunâtres sur le dos, vit sur l'épine noire, le pêcher, le prunellier, l'amandier. On la trouve à la même époque que celle du Machaon; il en est de même du Papillon.

Le *Flambé* n'est pas rare en France; peu abondant dans les environs immédiats de Paris, on le trouve en s'éloignant de quelques lieues. Il est commun à Montlhéry, Lardy, etc., mais n'est jamais aussi abondant que le Machaon.

Les pays chauds nous offrent des *Papilio* de très grande taille, de couleurs éclatantes. Citons en passant le splendide *Papilio Ulysses* des Moluques, dont les ailes bleu métallique sont encadrées de velours noir. J'ai pris jadis

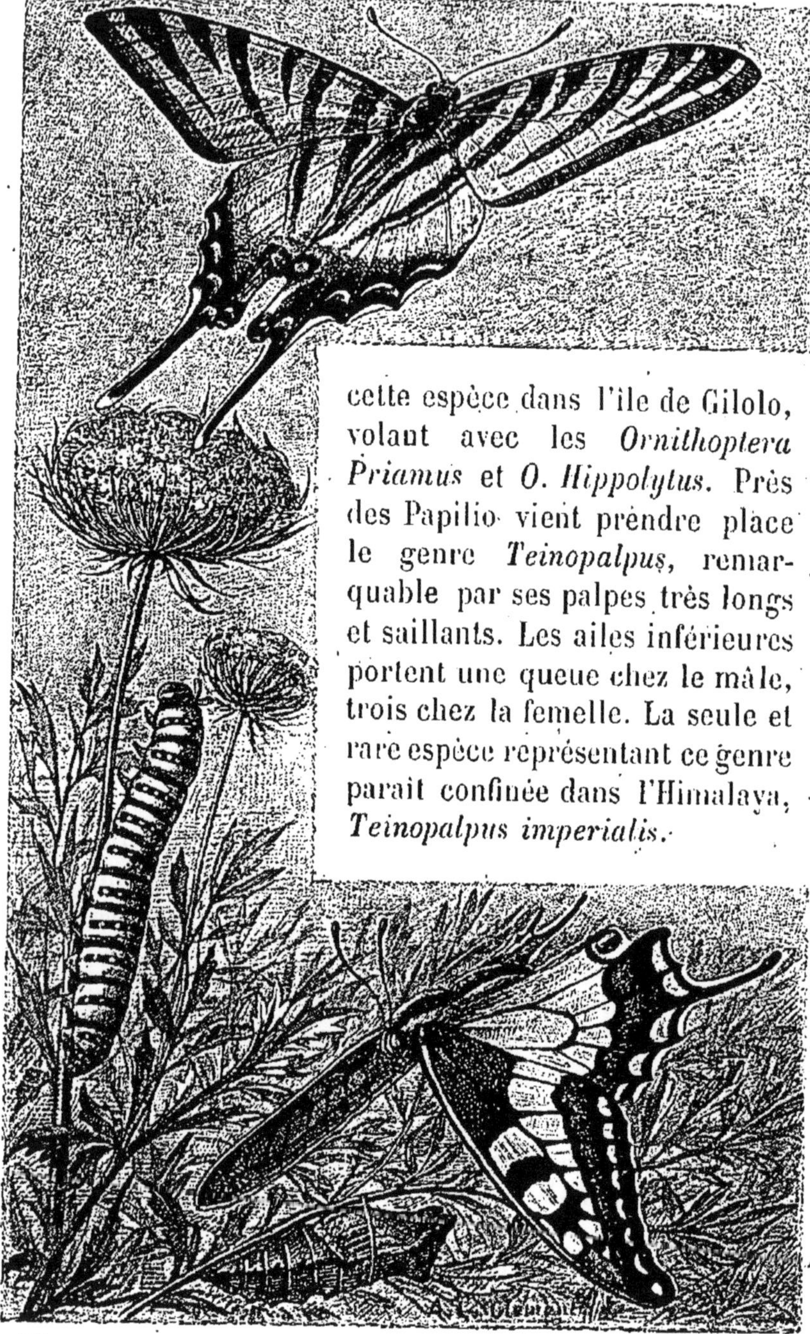

cette espèce dans l'île de Gilolo, volant avec les *Ornithoptera Priamus* et *O. Hippolytus*. Près des Papilio vient prendre place le genre *Teinopalpus*, remarquable par ses palpes très longs et saillants. Les ailes inférieures portent une queue chez le mâle, trois chez la femelle. La seule et rare espèce représentant ce genre paraît confinée dans l'Himalaya, *Teinopalpus imperialis*.

Fig. 59. — Les papillons Machaon et Flambé. — En haut, le Flambé ; en bas, le Machaon avec sa chenille et sa chrysalide.

Les *Leptocircus* sont de jolis petits *Papilio* aux ailes supérieures à demi vitrées. Les inférieures sont terminées par une longue queue plissée, comme tordue sur elle-même. Ils habitent les îles de la Sonde. Nous figurons le *L. Curius*, que nous avons pris à Java.

Les *Thaïs* sont de jolis papillons aux ailes inférieures découpées, jaunes, marquetées de noir et de rouge. Une ligne noirâtre en zigzag borde les ailes. Ces élégants insectes habitent le littoral de la Méditerranée. En France on rencontre, aux mois de mai et de juin, dans le Dauphiné, le Languedoc, la Provence, la jolie *Thaïs Medesicaste.* Cette Thaïs a 45 millimètres d'envergure. Les ailes, jaune clair, sont marquées de noir et de rouge. Les supérieures sont bordées de deux lignes brunes, l'une droite ou légèrement flexueuse, l'autre, extérieure, festonnée. Les inférieures sont bordées de taches rouges réunies entre elles par du noir. Le corps est noir, les anneaux de l'abdomen ferrugineux sur leurs côtés. On trouve encore dans le midi de la France, à Hyères, la *Thaïs Cassandra*, jaune foncé, marquée de noir brun; les ailes inférieures, très découpées, sont ornées d'une large bande noire avec une rangée extérieure de taches jaunes en croissant. De nombreuses taches rouges s'appuient sur la bande noire. Les *Thaïs* varient beaucoup et il est bien difficile de séparer les espèces de leurs variétés. Les deux *Thaïs* que nous citons sont, la première, une variété de la *Thaïs Hypsipile* du sud de l'Europe, la seconde une variété de la *T. Polyxena* du midi de l'Autriche. Citons encore la *Thaïs Cerisyi* de Syrie et de l'Ar-

Fig 60. — Thaïs rumina.

chipel grec, beaucoup plus claire de ton et moins tachetée que ses congénères.

Les chenilles des Thaïs vivent sur les Aristoloches, et, lorsqu'elles se chrysalident, s'entourent, en outre d'une ceinture, d'un léger tissu de soie.

Entre les *Thaïs* et les *Parnassius* vient se placer le genre *Doritis*. La *Doritis Apollina* est un beau papillon gris et jaune, élégamment marqué de noir et de rouge. On le rencontre dans les mêmes pays que la Thaïs Cerisyi.

Les *Parnassius* sont remarquables par leurs ailes demi-transparentes, blanchâtres et comme farineuses, portant des taches en forme d'ocelles. Leurs antennes sont courtes, terminées par une massue allongée. Leurs palpes longs, poilus, sont formés de trois articles égaux. Les ailes arrondies, non dentées, ont leurs nervures saillantes. Le corps, très poilu, porte en dessous, chez les femelles, une poche cornée.

L'*Apollon* (*Parnassius Apollo*) est un beau papillon que l'on trouve dans les Alpes, les Pyrénées, les Cévennes, la Lozère, le Jura et l'Auvergne, et parfois dans les Vosges. Son envergure est de 8 centimètres. Les ailes supérieures sont transparentes à leur extrémité, et portent quatre taches noires, trois sur le bord supérieur, une ovale près du bord inférieur. Les ailes inférieures portent deux ocelles rouges bordées de noir et une large tache noirâtre s'étend près du bord intérieur. La chenille vit sur les saxifrages.

Le *Parnassius Delius* ou *Phœbus*, plus petit, d'une nuance plus jaune, est plus rare que l'*Apollon*. On le trouve en Savoie, dans les Pyrénées, au mont Dore.

Le *P. Mnemosyne* est de la taille du *Phœbus*, environ 6 centimètres d'envergure. Il se distingue facilement de tous les autres par l'absence de tache rouge aux ailes inférieures. Les ailes blanches, à fines nervures noires, portent des taches noires petites et nettes. Les supérieures, vitrées à leur extrémité, en portent deux près du bord supérieur, les inférieures en ont une, se réunissant avec une large teinte noire estompée, s'étendant le long du bord intérieur. Habite les mêmes localités que l'*Apollon*, mais est beaucoup plus rare. Citons encore le *P: Nomion* de Sibérie, et le petit *P: Smintheus* de l'Amérique du Nord.

La 2e famille est celle des *Héliconides*. Les Héliconiens sont des papillons à ailes arrondies, les supérieures très allongées. Leur corps allongé, renflé à l'extrémité, ressemble à une massue, et est assez long pour dépasser parfois le bord des ailes inférieures. Leurs pattes antérieures sont atrophiées.

Ces Lépidoptères sont tous des régions chaudes et humides du globe ; quelques espèces habitent l'archipel malais et la Polynésie ; la grande majorité est de l'Amérique du Sud et des Antilles.

Le genre *Hamadryas* est de l'ancien monde, le genre *Heliconia* du nouveau. Ce dernier renferme environ soixante espèces. Ces papillons sécrètent un liquide infect qui les fait respecter des oiseaux insectivores.

La 3e famille, les *Danaïdes*, est représentée en Europe par une espèce qui se rencontre en Grèce et en Asie Mineure : c'est le *Danaïs Chrysippus*, aux ailes d'un brun rouge variées de noir remonté de blanc. Les chrysalides des Danaïdes sont suspendues par la queue et non entourées d'un fil de soie. — Une famille plus intéressante pour nous est sans contredit celle des *Piérides*, car elle contient beaucoup d'espèces de nos climats. Nos environs nous en offrent plusieurs formes, et tout le monde connait les papillons blancs du chou et de la rave, ces papillons blancs que l'on voit voltiger dans tous les jardins, même dans les rues de Paris, et qu'attire le moindre pot de fleurs posé sur l'appui d'une fenêtre

Les Piérides sont des papillons de taille toujours moyenne, rarement assez grande, parfois petite. Leur ton dominant est le blanc ou le jaune rehaussé de taches noires, quelquefois de rouge ou de vert.

Elles se reconnaissent à leurs antennes longues, terminées par une massue conique, et à leurs palpes allongés, dépassant la tête et ayant leurs deux derniers articles égaux. Leurs ailes supérieures sont triangulaires et beaucoup moins arrondies que celles des *Parnassiens*, dont elles se rapprochent cependant. Certaines *Piérides* (*Leuconia cratægi*) ont les ailes transparentes, à ner-

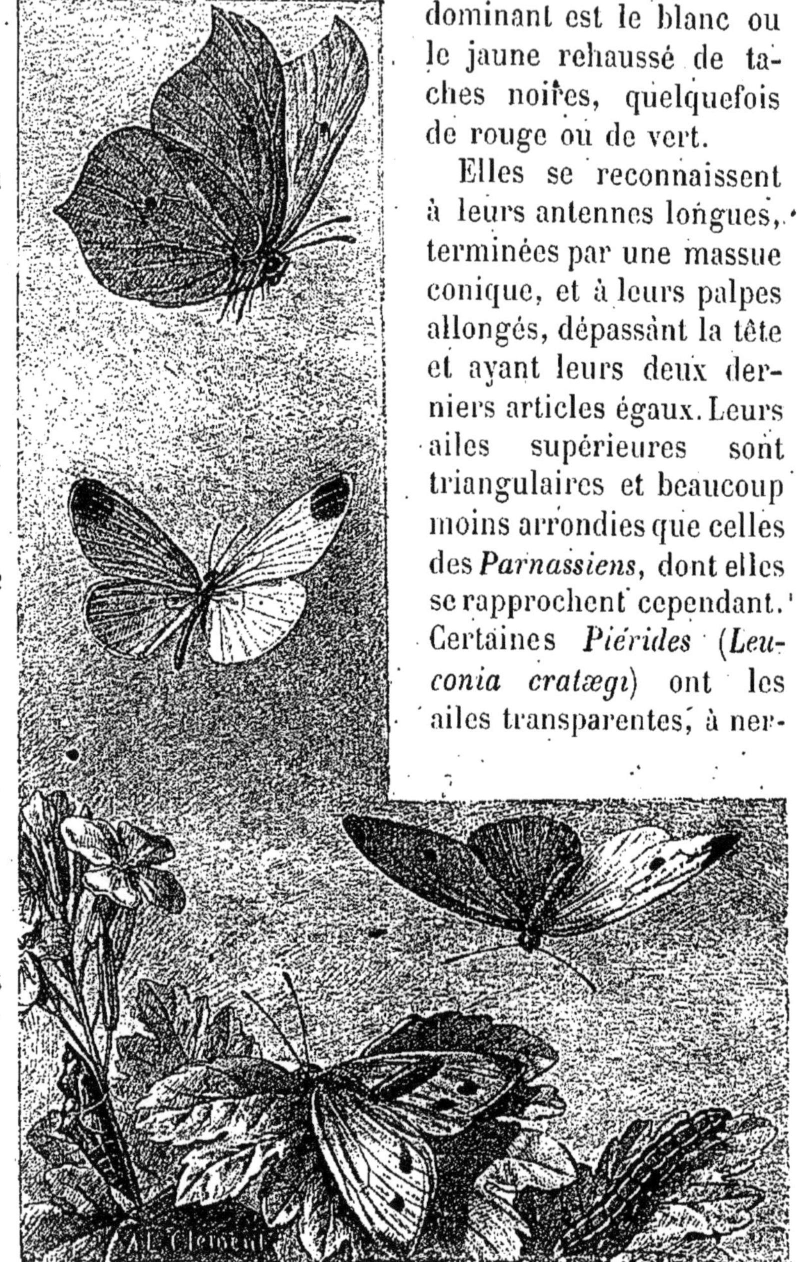

Fig. 61. — 1, Rhodocera Rhamni ; 2, Leucophasia sinopis; 3, Pieris Rapæ avec sa chrysalide et sa chenille.

vures noires et se rapprochent du *Parnassius Stubbendorfii*, espèce de Sibérie dont les ailes sont dépourvues de taches noires. Les ailes des Piérides ont leurs cellules discoïdales toujours fermées, et la nervure discocellulaire supérieure manque presque toujours. La première nervure discoïdale est souvent unie à la subcostale.

Les chenilles des Piérides sont allongées, cylindriques, légèrement atténuées à leurs extrémités, et recouvertes souvent d'une fine pubescence. Les chrysalides, parfois arrondies, sont en général anguleuses; souvent lisses, elles peuvent aussi être armées de tubercules; elles sont fixées par un fil de soie transversal et par la queue au plan de suspension.

Plusieurs genres composent cette famille, et la plupart des genres renferment de nombreuses espèces. Les Piérides sont répandues sur tout le globe. Le genre *Pieris* a des représentants dans le monde entier, il en est de même des genres *Colias* et *Antocharis*, qui cependant paraissent manquer en Australie; il en est de même des *Rhodocera*. Les *Leuconia* sont d'Europe et d'Asie; les *Leucophasia* paraissent ne pas sortir de l'Europe. Une seule espèce de *Callidryas* est de la faune européenne; les autres, de même que les *Terias*, habitent les contrées chaudes de l'ancien monde, avec les *Pontia* et les *Idmais*. En Amérique se trouvent les *Nathalis*, *Euterpe* et *Leptalis*, etc.

Les Piérides de nos pays sont répandues dans sept genres, *Leuconia*, *Pieris*, *Antocharis*, *Zegris*, *Leucophasia*, *Colias*, *Rhodocera*.

Le genre *Leuconia*, établissant un passage entre les *Parnassiens* et les *Piérides*, est représenté en Europe par une espèce que l'on rencontre aux environs de Paris. C'est le *Gazé* (*Leuconia cratægi*).

Cette Piéride est un grand papillon tout blanc avec les nervures noires; les ailes supérieures sont transparentes chez la femelle. La chenille noire, couverte de poils jaunes et blancs, vit sur le prunier, le prunellier, l'aubépine. Elle passe l'hiver en communauté sous une tente de soie. La chrysalide jaune ou blanche, à angles arrondis, se termine en avant par une pointe mousse.

Le papillon se trouve en juillet dans les champs et les jardins.

Le genre *Pieris* est représenté dans nos environs par quatre espèces.

Piéride du chou (*Pieris brassicæ*, ou *grand papillon blanc du chou*. 65 mill. d'envergure. Ailes blanches; les supérieures ayant leur angle apical noir; les inférieures portent une tache noire au bord interne. En dessous, les ailes supérieures portent deux points noirs, les inférieures sont jaunes. Femelle avec deux points noirs sur l'aile supérieure, l'anglé apical plus largement noir, et une raie noire au bord interne. Très commun partout en mai et juin, puis août et septembre.

La chenille, jaune-verdâtre, à tête bleue piquetée de noir, porte trois raies longitudinales jaunes séparées par des tubercules noirs portant chacun un poil blanc. La chrysalide, blanchâtre, est tachetée de noir et de jaune. La chenille vit sur les choux, et se rend très nuisible dans les potagers; elle passe aussi parfois sur d'autres plantes, capucines, câpriers, etc. La chrysalide se suspend généralement aux murs.

Piéride de la rave (*P. rapæ*), ou *petit papillon blanc du chou*. Ne diffère du précédent que par la taille; le mâle porte quelquefois un ou deux points noirs sur l'aile supérieure; passe quelquefois au jaune.

Très commun; mêmes époques d'apparition que la précédente.

La chenille verte, pubescente, porte trois lignes jaunes, une sur le dos, une sur chaque flanc. Vit également sur les choux, navets et autres crucifères. Chrysalide blanchâtre, à reflets roses, piquetée de noir.

Piéride du navet (*Pieris napi*), ou le *papillon blanc veiné de vert.* Espèce assez semblable à la seconde; les ailes inférieures sont jaune soufre avec leurs nervures vert foncé. Il arrive souvent que les ailes supérieures sont fortement estompées de noir-brun, avec les nervures grisâtres, à peu près de la même taille que *P. rapæ.* La variété *napeæ*, beaucoup plus pâle, a les nervures vertes presque effacées. Commun partout, champs et jardins, lisière des bois en mai et juin; la variété *napeæ* paraît en août.

Chenille verte, vivant sur diverses crucifères.

Piéride Dapplidice (*P. Dapplidice*), ou le *papillon blanc marbré de vert.* Même taille que *rapæ*, les ailes supérieures largement marquées de noir à leur extrémité supérieure, avec des taches blanches divisant la teinte noire..

Une tache noire près du milieu de la nervure costale. En dessous, aux taches noires correspondent des taches vertes. Les ailes inférieures blanches, parfois bordées de teinte noire, sont marbrées de vert-jaune en dessous.

Se rencontre aux environs de Paris, mais moins commun que les espèces précédentes. Apparaît aux mêmes époques, dans les endroits incultes et les prairies.

La seconde éclosion donne en été la forme *Bellidice*, beaucoup plus petite et plus grisâtre, aux membrures d'un vert plus foncé. Cette variété est moins commune que le type.

P. Callidice des hautes montagnes, près des neiges persistantes. Les ailes inférieures ont leurs nervures largement teintées de vert. Dans les mêmes montagnes on rencontre la *P. Bryoniæ*, variété femelle de la *P. napi*, d'un jaunâtre obscur avec les nervures des quatre ailes noirâtres dilatées en dessus.

Les *Anthocharis* ont les antennes courtes, terminées par une massue ovoïde comprimée, et les palpes assez longs terminés par un article grêle et aigu. Leurs chrysalides sont arquées, naviculaires et carénées, pointues aux deux bouts, sans pointes latérales. Les segments de l'abdomen sont inflexibles.

Ce genre est représenté dans nos environs par une jolie espèce.

A. cardamines, l'*Aurore*. Joli petit papillon blanc, parfois jaunâtre. Les ailes supérieures portant à leur sommet, chez le mâle, une large tache rouge orangé, terminée par une bordure noire et blanche. Un point noir au milieu du rouge. La femelle ne possède pas de tache rouge, mais le sommet de l'aile est noirâtre. Les ailes inférieures sont en dessous persillées de vert. La tache aurore existe aussi en dessous des ailes supérieures du mâle. La femelle est plus grande que le mâle.

Ce joli petit papillon apparaît, en avril et en mai, dans les prés et les clairières des bois.

A. Eupheno, l'*Aurore de Provence*. Le mâle a le dessus des quatre ailes d'un jaune vif, terminées par une belle tache rouge orangé, limitée en dedans par une bande noire. L'extrémité apicale de l'aile est estompée de noir. Les quatre ailes sont teintées de noir à leurs points d'attache. La femelle est blanche, avec un point noir sur l'aile supérieure, dont l'extrémité jaune est estompée de noir. En dessous, les ailes inférieures sont variées de jaune et marbrées de vert.

Se trouve en Provence, dans le Var, la Lozère, les Basses-Alpes.

Une autre espèce du midi de la France, qui remonte dans le centre, prise accidentellement aux environs de Paris, est l'*A. Belia*. Blanche, ailes supérieures avec une tache noire et une teinte noire à leur extrémité. Ailes inférieures vertes avec des taches blanches nacrées. La variété *Ausonia*, qui paraît en juillet et août, est beaucoup plus pâle. Dans la variété *Simplonia*, la côte de l'aile supérieure est obscure et le bord supérieur de l'aile inférieure saupoudré de jaunâtre.

L'*A. Tagis* d'Espagne et d'Algérie présente une variété

tálienne et alpine *A. Belleźina*. C'est une espèce de petite taille marquée en dessous de vert tendre.

Les *Zegris* habitent la Crimée et l'Andalousie. La *Z. Eupheme*, rare et belle espèce blanche, avec une marque aurore estompée de noir à l'extrémité des ailes supérieures, est, avec ses variétés *Menestho*, *meridionalis* et *Tschudica*, le seul représentant de ce genre. Les chenilles s'enveloppent d'un réseau soyeux.

Les *Leucophasia* sont de jolies et délicates petites Piérides, au corps long et élancé, aux ailes plus étroites et allongées que dans les genres précédents. On les rencontre dans nos environs en mai et en août.

L. Sinapis, le *Blanc de Lait*. Blanc, avec une tache noire au sommet des ailes supérieures et la nervure costale enfumée à la base. Les ailes inférieures marquées de gris très pâle. La variété *Erysimi* est entièrement blanche; au contraire, dans la variété *Lathyri* les ailes inférieures sont estompées, surtout en dessous, de gris verdâtre; la tache apicale est plus pâle et plus fondue.

Les *Coliades* sont plus robustes de forme que les Piérides. Le dernier article de leurs palpes est obtus. Elles portent au milieu des ailes inférieures, en dessous, une tache argentée. Leurs chrysalides carénées, comme bossues en dessus, se terminent antérieurement en pointe et sont dépourvues de pointes latérales.

Les environs de Paris nous en offrent deux espèces.

Colias hyale, le *Soufré*. Les ailes du mâle sont jaunes; les supérieures avec un gros point noir près de l'extrémité de la cellule discoïdale, et leur bord apical marqué de noir. Les inférieures portent au milieu une tache orangée; elles sont bordées d'une teinte noire plus ou moins large, plus ou moins continue. Leur dessous est d'un jaune aurore; celui des ailes supérieures soufré. La femelle est d'une teinte beaucoup plus pâle, la bordure du sommet de l'aile supérieure plus largement estompée, et plus divisée par la couleur du fond.

Commun dans les prairies, les champs de luzerne, en mai et en août.

C. edusa, le *Souci*. Beaucoup plus coloré que l'espèce précédente, les quatre ailes sont d'une belle teinte souci, largement bordées de noir chez le mâle, les supérieures ayant le même point noir, la tache orangée des inférieures tirant au rouge. Chez la femelle, le noir de la bordure est très divisé aux ailes inférieures par le ton du fond, qui y forme des taches plus claires. La bordure noire des ailes supérieures est percée de deux taches jaunes. Souvent le bord interne des ailes inférieures est jaune soufre.

La variété *Helice*, rare aux environs de Paris, est plus abondante dans le centre et le midi de la France. Dans cette forme la teinte souci est remplacée par un ton jaune pâle blafard, tournant au blanchâtre, les ailes inférieures pouvant avoir leur disque grisâtre, auquel cas la tache orange est remplacée par une blanche.

Le *C. edusa* n'est pas rare dans les prairies. Outre les éclosions de mai et d'août, il y en a parfois une en octobre. La chenille verte avec une ligne blanche et jaune courant le long de chaque flanc, et un point fauve sur chaque anneau, vit sur les légumineuses herbacées. La chrysalide présente les mêmes couleurs que la chenille.

Dans les Alpes et les Pyrénées on rencontre d'autres Coliades : *C. Phicomone*, dont le mâle, d'un jaune soufre pâle, estompé de gris. La femelle, plus grande, est d'un ton blanchâtre et blafard, le disque des ailes inférieures gris. *C. Palæno*, aussi des hautes cimes des Vosges. La belle *C. Aurora* est de Sibérie, et les *C. Boothii* et *Nastes* habitent les régions polaires.

Les *Rhodocera* sont faciles à distinguer par la forme de leurs ailes, dont le sommet est toujours formé par un angle curviligne, les inférieures se terminant par un angle saillant. Leurs antennes, courtes et robustes, sont de couleur rose. Leurs chenilles allongées, pubescentes et chagrinées, sont convexes en dessus, aplaties en dessous. Chrysalides arquées, renflées à l'endroit des ailes, en pointe aux deux extrémités.

R. Rhamni; le *Citron:* Envergure 50 millimètres. Mâle jaune citron, un point rouge au milieu de chaque aile, femelle semblable, mais beaucoup plus claire, presque blanche. Ce papillon vole dès la fin de l'hiver, souvent dès le milieu de février. Il est commun dans les champs, les jardins. Sa chenille, vivant sur les nerpruns (Rhamnus), est verte, piquetée de noir, avec une ligne jaunâtre sur chaque flanc. Chrysalide verte avec des points rougeâtres. Il y a deux éclosions, l'une au printemps, l'autre en été; mais comme les papillons vivent longtemps, on voit le *Citron* voltiger toute l'année.

R. Cleopatra. Semblable au précédent, mais le mâle porte sur le disque des ailes supérieures une large tache souci qui l'envahit presque en entier. La femelle a une légère teinte rose qui la distingue de celle de Rhamni. La forme des ailes est aussi moins anguleuse.

Apparaît en avril et en mai dans le midi de la France. Les individus du midi de l'Europe sont vivement colorés; tels sont ceux habitant les Canaries, chez lesquels le mâle est entièrement orangé et la femelle d'un beau jaune.

Les pays chauds nous offrent de belles Piérides parmi lesquelles on peut citer les *Callidryas*, dont certaines espèces jaunes sont rehaussées de taches d'un rouge éclatant. C'est encore à cette famille qu'appartiennent les *Leptalis*, dont certaines espèces miment les *Héliconiens* au Brésil.

CHAPITRE V

Les Rhopalocères (*suite*). — Nymphalides. — Satyrides.

La famille des *Nymphalides* présente comme caractères généraux les pattes antérieures en palatine et les chrysalides suspendues.

Les papillons peuvent être dits *Tétrapodes* (à quatre pieds), puisque leurs pattes antérieures restent rudimentaires.

Leur tête est plus étroite que le thorax; leurs antennes longues et robustes vont en s'épaississant graduellement de la base à la massue, qui se confond avec la tige.

Les ailes inférieures ont presque toujours la cellule discoïdale ouverte et leur bord interne, fortement poilu, forme une gouttière dans laquelle disparaît l'abdomen quand l'insecte est posé les ailes relevées.

Répandus dans toutes les parties du monde, les Nymphalides sont en général de beaux et grands papillons, aux ailes souvent découpées. Certains d'entre eux possèdent des tons métalliques changeants, les autres des bariolures éclatantes sur un fond sombre. Les *Mars* de nos forêts, les *Vanesses*, parmi lesquelles le *Vulcain* et le *Paon de jour*, sont, avec les *Nacrés* et les *Sylvains*, les principaux représentants de cette belle famille.

Les chenilles, à peau rugueuse, chagrinée, sont ordinairement armées de tubercules et d'épines, et les chrysalides, souvent ornées de taches métalliques, sont toujours remarquables par leurs formes anguleuses.

Neuf genres principaux représentent cette famille dans notre pays.

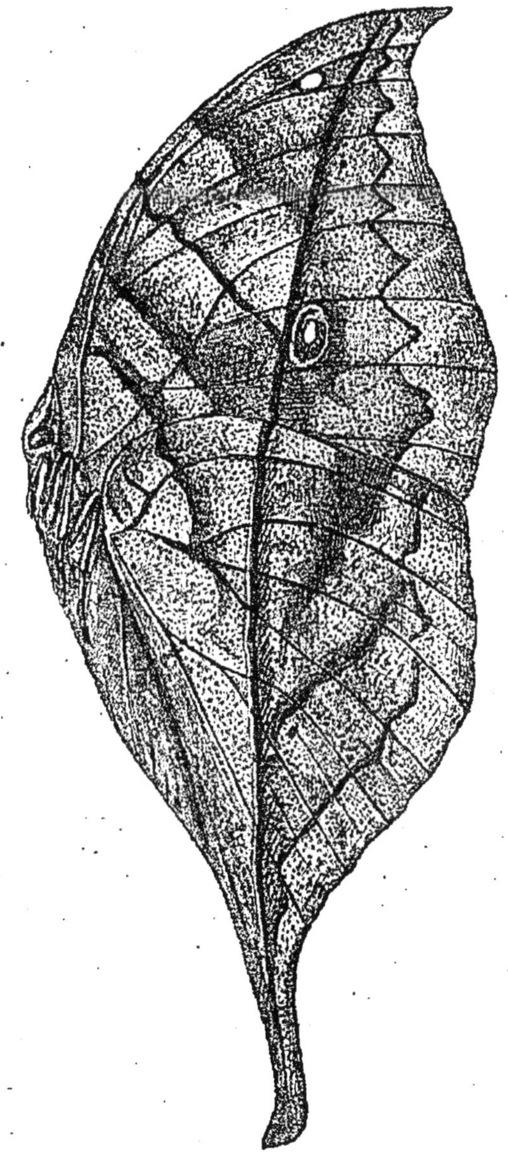

Fig. 62. — Papillon replié imitant une feuille (Nymphalide de l'Inde, *Callima paralecta*).

1° Charaxes. *C. Jasius*. Le *Pacha à deux queues*. Le plus grand papillon diurne d'Europe, à en excepter toutefois le *Papilio Xuthus* et autres formes asiatiques, des confins de la Russie. Ce superbe lépidoptère est d'un brun velouté, les quatre ailes bordées de jaune ardent, les inférieures terminées par deux queues. En dessous, cette bordure se retrouve, et une longue ligne blanche se continuant sur la face des deux ailes traverse un champ bariolé de brun, de gris et de rouge, rehaussé de taches noires.

Environs de Toulon; Hyères; Montpellier, rare. Paraît en juin et en septembre.

La chenille, d'un beau vert, a la tête armée de quatre cornes. Elle vit sur les arbousiers et s'y suspend en chrysalide.

2° *Apatura. Mars.* Beaux et grands papillons brun foncé ou fauve, à reflets violets changeants, tachetés de blanc. Ailes inférieures légèrement dentées, les supérieures sinueuses. Habitent les bois et les forêts. *A. Iris. Grand Mars.* Envergure 65 millimètres. Brun sombre en dessus à reflets violets ou bleus. Les ailes supérieures marquées de cinq taches blanches. Une parfois double au sommet extérieur, deux près du bord, une à la nervure costale, et la plus grande au bord inférieur se continuant avec la bande blanche qui traverse obliquement le disque de l'aile inférieure. Une bordure brun clair aux quatre ailes, un œil ferrugineux près du coin de l'aile inférieure, dont l'angle interne est marqué de rouge ferrugineux. La femelle, plus grande, d'un brun plus clair, sans reflets changeants, est beaucoup plus rare que le mâle.

Le *Grand Mars* habite les grandes forêts, Compiègne, Armainvilliers, Saint-Germain, dans les bois de Notre-Dame. Il n'est jamais très commun.

La chenille vit sur les trembles et les peupliers; elle est verte, mélangée de jaune, avec une ligne jaune le long de chaque flanc; sa tête est ornée de cornes courtes. Le papillon paraît vers la fin de juin jusqu'à la fin de juillet.

Il y a une aberration de l'*A. Iris* (*A. Iole*), les ailes supérieures n'ont plus que les taches blanches du sommet, et les ailes inférieures n'ont plus leur bande blanche. Les reflets sont violets ou bleu foncé. Cette variété est rare.

A. Ilia. Petit Mars. 60 millimètres d'envergure. Les ailes supérieures ont la tache de la nervure costale beaucoup plus grande, la disposition des autres taches restant la même que dans l'*A. Iris.* On remarquera un ocelle large, cerclé de fauve près du bord, à la moitié de la hauteur de l'aile supérieure. L'ocelle de l'aile inférieure comme dans l'espèce précédente. Reflets violets.

Dans la variété *Clytie* le ton général de l'insecte est brun clair, les bandes et les taches se détachent en fauve, s'étendant, se fondant plus ou moins avec le ton du fond. Reflets d'un beau bleu violet. La femelle, plus grande que le mâle, est aussi plus claire et n'a pas de reflets changeants. Elle est rare.

Le Petit Mars se rencontre dans les prairies à peupliers, aux environs de Paris, pendant le mois de juillet.

La chenille vit sur les saules, les peupliers, les trembles, en mai et juin. Elle ne diffère de celle du *Grand Mars* que par la longueur de ses cornes qui sont bifides. La chrysalide est d'un vert pâle, bleuâtre à l'abdomen, avec les cornes de la tête et deux lignes sur la poitrine jaunes.

Les *Neptis* sont des papillons de moyenne taille, aux ailes plus arrondies, les inférieures étant à peine dentelées. *N. Lucilla*, d'Autriche, Piémont; et *N. Aceris*, habitant depuis la Chine et l'Archipel malais jusqu'en Autriche.

Le genre *Nymphalis* nous offre un grand et beau papillon, un des plus grands diurnes de France. Les ailes sont moins sinuées et dentelées que dans les *Apatura*.

N. Populi; Grand Sylvain. Brun foncé, sans reflets chatoyants. Taches et bandes blanches affectant la même

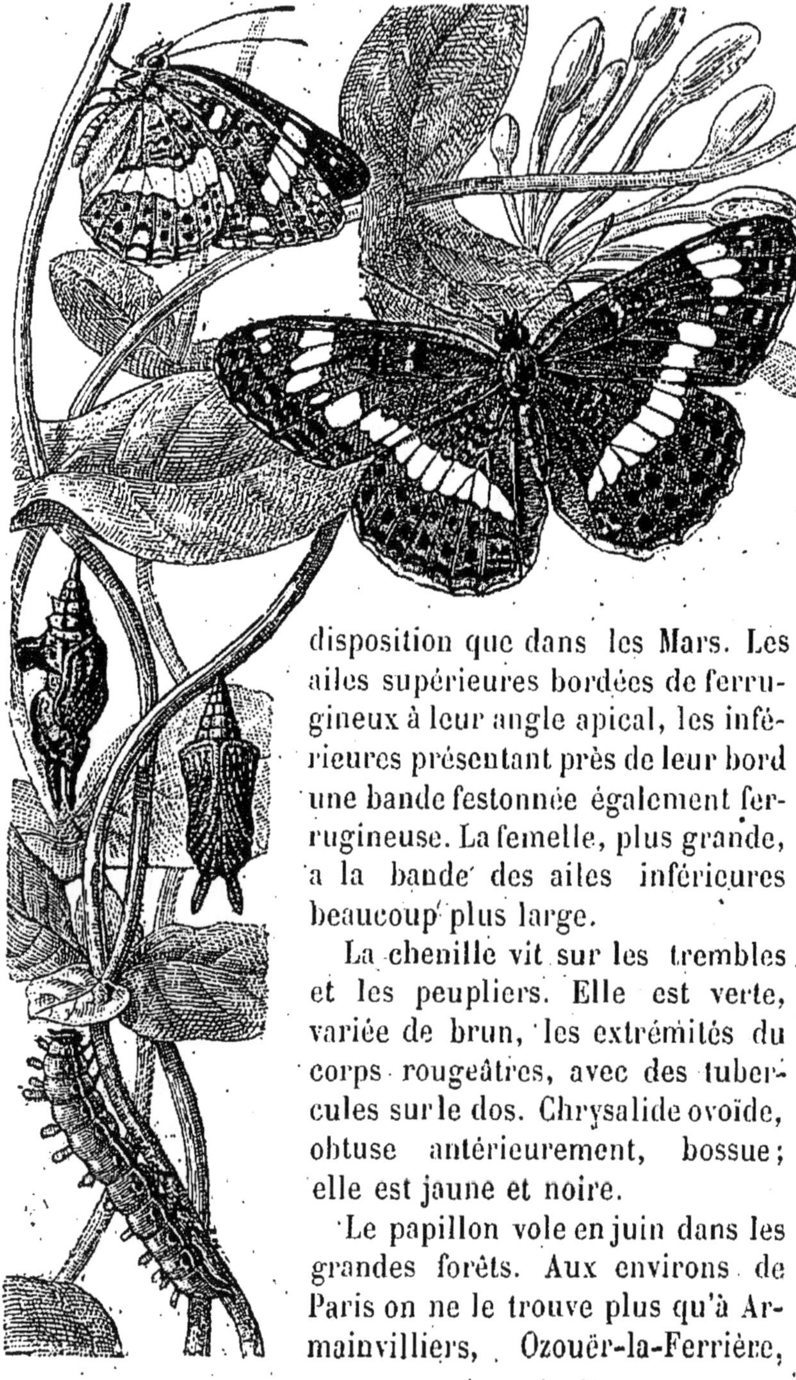

disposition que dans les Mars. Les ailes supérieures bordées de ferrugineux à leur angle apical, les inférieures présentant près de leur bord une bande festonnée également ferrugineuse. La femelle, plus grande, a la bande des ailes inférieures beaucoup plus large.

La chenille vit sur les trembles et les peupliers. Elle est verte, variée de brun, les extrémités du corps rougeâtres, avec des tubercules sur le dos. Chrysalide ovoïde, obtuse antérieurement, bossue; elle est jaune et noire.

Le papillon vole en juin dans les grandes forêts. Aux environs de Paris on ne le trouve plus qu'à Armainvilliers, Ozouër-la-Ferrière,

Fig 65. — Nymphale (*Limenitis sibylla*), chenille et chrysalide.

Compiègne. Descend de la cime des arbres pour voler en planant par les jours de soleil, et lorsqu'il n'y a pas de vent. C'est le matin, jusqu'à onze heures ou midi, que l'on a chance de rencontrer cette rare et belle espèce dans les avenues des grandes forêts, sur les bouses des bestiaux ou même sur les flaques d'urine. De quatre heures à sept heures les Nymphales reparaissent, et c'est l'heure à laquelle on peut capturer la femelle, beaucoup plus rare que le mâle.

Les *Limenitis* sont beaucoup plus petits que les Sylvains. Ce sont des papillons brun foncé ou presque noirs, avec des taches blanches sur l'aile supérieure et une large bande blanche traversant obliquement l'aile inférieure. En dessous, les bandes et les taches se répètent sur un fond ferrugineux délicatement nuancé de gris.

L. Camilla; Sylvain azuré. Brun foncé avec un beau glacis bleu. Dessous ferrugineux vif.

L. Sibylla; Petit Sylvain. Semblable au précédent, de taille un peu moindre; sans glacis bleu; dessous ferrugineux tirant au jaune.

Le *L. Camilla*, moins commun que *Sibylla*, habite les grandes forêts; on le trouve à Versailles, Saint-Germain, Marly, etc. Le *L. Sibylla* est commun en mai et juin dans tous les bois et même les jardins; il reparaît en septembre.

La chenille de *Sibylla* est vert tendre, finement chagrinée, avec une ligne blanche sur les côtés de la moitié postérieure du corps, et des rangées d'épines. Elle vit sur les chênes et le chèvrefeuille des bois. La chrysalide est verte avec des taches dorées, anguleuses.

La chenille de *Camilla*, vert pâle en dessus avec le ventre rougeâtre, porte une ligne blanche bordée de pourpre sur les flancs à partir du quatrième anneau. Elle est épineuse et porte des tubercules rouges. Chrysalide brun terreux sans taches dorées, anguleuse.

Le genre *Libythea* n'offre qu'une espèce, de la France

méridionale. Ce sont des papillons de taille très moyenne, remarquables par la longueur de leurs palpes quatre fois aussi longs que la tête. Les antennes longues, grossissant graduellement jusqu'au sommet, sont droites et cylindroïdes. Les ailes supérieures largement sinuées, les inférieures dentelées.

L. Celtis. L. du micocoulier. Ailes brunes, les supérieures à cinq taches fauves se reproduisant en dessous: les inférieures n'en ont qu'une en dessus et sont en dessous gris lavé de brun.

Méditerranée. Mai et juin. La chenille vit sur le micocoulier et aussi sur le cerisier; elle est verte avec trois lignes blanches, les intervalles portant deux rangées de points noirs. Chrysalide ovale avec une pointe obtuse à la tête. Verte, une ligne blanche sur le dos, deux sur la poitrine.

Le genre *Vanessa* nous offre beaucoup d'espèces abondantes dans nos environs : tout le monde connaît le brillant *Vulcain*, la *Petite Tortue*, le *Paon de jour*. Les Vanesses sont des papillons de taille moyenne, souvent assez grande. Leurs ailes revêtues de brillantes couleurs sont anguleuses et dentelées, en général avec des bordures différentes de la couleur du fond. Leurs caractères génériques sont les suivants :

Tête poilue; palpes longs, parallèles, très poilus. Antennes d'un quart plus courtes que le corps, terminées graduellement en une massue allongée, pointue. Corps robuste, poilu, arrivant à la moitié ou aux deux tiers de la longueur du bord interne des ailes inférieures. Chenilles cylindriques, très épineuses. Chrysalides anguleuses, à tête bifide, armées de tubercules. Elles ont souvent des taches métalliques et sont parfois entièrement dorées.

Parmi les espèces de nos environs, quatre vivent à l'état de chenille sur les orties; d'autres sur les arbres fruitiers, les chardons, etc. Les papillons fréquentent les endroits cultivés, les prairies, les jardins, les potagers. Souvent on les voit se reposer au milieu des routes, et il arrive même parfois que les *Vulcains* se posent sur les promeneurs, sur les animaux. Le *Morio* (*V. Antiopa*) paraît être la seule espèce qui se plaise dans les forêts, encore la rencontre-t-on fréquemment dans les endroits cultivés.

Un petit genre démembré des Vanesses nous offre une espèce intéressante : c'est l'*Araschnia levana* ou Vanesse *carte géographique*, fauve, et son autre forme *prorsa* ou *carte géographique* brune, qui paraît en été.

V. Levana. Petite Vanesse fauve, marquée de noir et de blanc aux ailes supérieures; les inférieures, noires à la base, portent deux bandes obliques et une bordure noire. Fin avril et mai.

V. Prorsa. Brune, ailes supérieures largement tachées de blanc avec une bordure fauve, parfois réduite à des taches. Ailes inférieures blanches à la base, deux lignes obliques et une bordure fauves. Juillet.

La variété *Poriima*, beaucoup plus rare, présente le fond de *Levana* avec les taches de *Prorsa*.

Environs de Paris, bois ombragés et humides. La chenille noire et fauve, très épineuse, vit en petites sociétés sur l'ortie dioïque. Chrysalide noire, jaune en dessous.

Les Vanesses proprement dites nous offrent quatre espèces de nos environs.

V. Polychloros; Grande Tortue.

Fauve, les ailes supérieures tachetées de noir, trois taches costales, quatre discoïdales. Une tache noire avec une marque claire au bord supérieur de l'aile inférieure. Les quatre ailes bordées de noir et de brunâtre, avec des croissants bleus sur la bordure des inférieures. Dessous noirâtre près du corps, brunâtre du milieu à l'extrémité. Ailes inférieures anguleuses au bord externe.

Chenille bleuâtre ou brune, une ligne latérale orangée, épines jaunâtres. Chrysalide rouge pourpre, avec des taches dorées près de la tête. Sur les ormes, chênes, peupliers et divers arbres fruitiers.

Le papillon commun en juillet, août et septembre; voltige dans les jardins, sur les routes, dans les bois. Une espèce voisine, *V. Xanthomelas*, d'Alsace, d'Allemagne.

V. Urticæ; Petite Tortue. Enverg. 47 mill.

Plus petite que la précédente. Ailes d'un fauve vif, bordées de brunâtre nettement limité en dedans par une ligne noire, rehaussée de lunules bleues. Six taches noires sur les ailes supérieures. Trois grandes près de la côte, séparées par du jaune, suivies d'une tache blanche à l'angle apical; deux petites sur le disque, une grande au milieu du bord inférieur, rehaussée de jaune. Les ailes inférieures, noires à la base, sont anguleuses au milieu du bord externe.

Chenille très abondante sur les orties. Elle est noire, épineuse, présentant une ligne jaune sur le dos et une de même teinte sur chaque flanc. Chrysalide brunâtre, à points dorés.

Le papillon est commun partout pendant tout le printemps, l'été et l'automne.

On trouve en Corse et en Sardaigne une forme voisine, *V. Ichnusa*, qui est d'un rouge plus vif et n'a à l'aile supérieure que trois taches costales. Citons aussi *V. album* de Russie et Hongrie.

V. Io; le *Paon de jour*, dont la chenille est noir luisant, épineuse, rehaussée de points blancs, vit en société sur l'ortie dioïque en juin et en août. Chrysalide brune avec des points dorés. Papillon commun en mai, en juin et en septembre. Ce beau papillon se plaît indistinctement dans les bois, les champs, les jardins. Beaucoup d'individus passent l'hiver et recommencent à voler au printemps.

V. Antiopa; le *Morio*. Grande et belle espèce. Les quatre ailes sont brun chocolat foncé, velouté, avec une large bordure jaune. Deux taches jaunes à la côte de l'aile supérieure, la plus extérieure accompagnée d'un petit point. Une rangée de points bleus accompagne intérieurement la bordure jaune.

Chenille noire avec les pattes rouges et des points rouges sur le dos, armée d'épines simples. Vit sur le bouleau, l'orme, les saules, où elle forme des sociétés.

Cette belle Vanesse se rencontre en juillet et en septembre dans les bois, où elle vole rapidement. Elle est moins rare que difficile à prendre, car elle est très farouche. On la rencontre souvent posée sur les arbres, occupée à sucer le liquide qui suinte de leurs plaies.

On a formé parmi les *Vanesses* un sous-genre qui comprend, entre autres, deux espèces parisiennes. Ce sont des papillons dont les ailes sont ornées de bandes éclatantes, vermeilles ou feu, et dont le dessous est marbré de teintes vives.

Pyrameis Atalanta; le *Vulcain*. Les quatre ailes sont noires; les supérieures avec quatre ou cinq taches blanches à l'angle apical, et traversées obliquement par une bande rouge feu; les inférieures bordées de rouge, la bordure rouge portant une rangée de points noirs.

Chenille passant du verdâtre au noir, épineuse, une ligne de points jaunes sur chaque flanc. Vit en société sur les orties et s'entoure de feuilles réunies par des fils de soie. Chrysalide grise ou noirâtre, avec des points dorés.

Le *Vulcain* est commun en France pendant toute la belle saison, surtout en septembre et octobre.

P. cardui; la *Belle Dame*. Jolie espèce dont les quatre ailes vermeilles, obscurcies à la base, sont tachetées de noir. Le sommet des ailes supérieures noir tacheté de blanc; une bande noire interrompue traverse obliquement cette aile, qui est bordée de deux rangées de taches et de points noirs souvent confondus, porte au milieu une tache obscure se réunissant au ton foncé de la base, et à la côte par une ligne subélargie et diffuse.

Fig. 64. — Les Vanesses ; en haut, le paon de jour et sa chenille; au milieu le C. blanc ; en bas, la Vanesse petite-tortue et sa chenille

Chenille épineuse, brunâtre, avec des lignes jaunes, interrompues le long des flancs. Chrysalide grisâtre avec des points dorés très serrés. Les chenilles vivent isolées sur les artichauts, les chardons, l'ortie et autres plantes basses, mauves, etc.

Le papillon commun en mai, puis en août et en septembre. Très abondante certaines années, cette espèce reste parfois rare deux ou trois ans de suite. Il faut rechercher le papillon dans les lieux incultes, surtout dans les terrains arides.

On a encore formé, aux dépens des *Vanesses*, le petit genre *Grapta*, qui nous offre deux espèces françaises. Ce sont de petites *Vanesses* dont les ailes sont profondément échancrées et découpées; leur robe est en dessus d'un fauve vif avec des taches noires, et en dessous gris lavé de brun avec de petites taches blanches imitant des lettres.

G. C. album ; le *C. blanc*, le *Robert-le-Diable*, le *Gamma ;* 35 millimètres d'envergure.

Fig. 65. — Vanessa C. album, exemple de papillon à ailes dentelées.

Commun partout en juillet et en septembre, dans les bois, sur les routes; on le prend fréquemment dans les jardins, sur les treilles.

Chenille épineuse, brun rougeâtre, une bande blanche sur le dos, commençant au cinquième anneau et allant jusqu'au dernier. Vit sur l'ortie, le houblon, l'orme; le prunellier, le groseillier. Chrysalide comprimée au milieu, rougeâtre, avec des points dorés.

G. Triangulum (syn. *Egea* ou *L. album*). Beaucoup

moins tachetée que la précédente, aussi plus pâle. La marque du dessous affecte la forme d'un L. Midi de la France, Algérie, etc. De ces espèces se rapprochent *G. C. aureum* de Chine; *G. C. argenteum* du Mexique, etc.

Le genre *Melitæa*, qui vient ensuite, nous offre des papillons de plus petite taille, à ailes arrondies, entières, fauves et tachées de noir en dessus, de manière à imiter souvent un damier. Le dessous des ailes est moins foncé, ferrugineux, et les inférieures, souvent beaucoup plus claires, sont traversées par des bandes jaune clair, sur lesquelles les nervures se dessinent en noir; de petites lignes brisées ou sinueuses noires y tracent des dessins délicats.

Chenilles épineuses, mais à épines courtes et d'égale longueur. Chrysalides peu anguleuses, avec des boutons saillants sur la région dorsale.

Les papillons ont les antennes moins longues que chez les *Vanesses*, mais elles se terminent brusquement par une massue en forme de poire. L'abdomen, assez long, arrive aux trois quarts du bord intérieur des ailes inférieures; souvent il est de la même longueur.

Melitæa Artemis; le *Damier*, très commun dans les bois en mai et en août.

La chenille, noire en dessus, jaune en dessous, une ligne de points blancs sur le dos, une le long de chaque flanc; tête noire, pattes rougeâtres. Vit sur les plantains et les scabieuses. Chrysalide vert pâle avec des points noirs et des tubercules jaunes.

M. Cinxia. Envergure, 35 millimètres, mâle, 45 millimètres, femelle. Ailes légèrement dentelées, d'un fauve terne, réticulées de noir. Les inférieures, obscurcies à la base, portent quatre lignes concentriques noires dont la dernière s'appuie à la bordure blanche. Entre la deuxième et la troisième, le champ compris entre deux nervures noires porte un point noir. En dessous, les ailes inférieures, jaune pâle, sont traversées par deux

Fig. 66. — Argynnis lathonia, Dia, Paphia, sa chenille et sa chrysalide
Melithea Athalia et Artemis au-dessous

larges bandes sinueuses ferrugineuses, bordées délicatement de noir, et sont bordées par une ligne de points noirs. Le dessous des ailes supérieures, ferrugineux, devient jaune marqué de noir à l'angle apical, et l'aile porte extérieurement une bordure jaune avec une ligne de gros points noirs.

Chenille en avril, août et septembre sur la véronique, le *Sedum album*, le plantain, la centaurée jacée.

Papillon très commun, comme le précédent.

M. Phœbe; le Grand damier. Envergure, 40 millimètres. Ailes d'un fauve ardent, la base obscure. Les ailes supérieures sont réticulées de noir et portent des séries de taches pouvant former cinq bandes noires interrompues, dont la dernière forme bordure. Les inférieures sont dentelées légèrement, avec la bordure brune sur laquelle s'appuie intérieurement une série de taches jaunes en croissant. Une bande jaune bordée extérieurement de noir s'appuie sur la base obscure, souvent tigrée de fauve. La femelle, plus grande, a aussi les ailes plus arrondies.

Chenille en mai et septembre sur la *Centaurea jacea*

Papillon aussi commun que les espèces précédentes.

M. Didyma. 35 millimètres d'envergure. Commune dans le midi, le centre et l'est de la France en juin, juillet et août. Les variétés des Alpes sont souvent très rembrunies.

Chenille sur les plantains, la linaire, etc.

M. Maturna. 40 millimètres. Ailes d'un fauve rouge, estompées de brun noirâtre, variées de taches jaune clair, surtout chez le mâle; la femelle, plus grande, est plus obscure.

Chenille épineuse, noire, avec trois lignes jaunes interrompues, une sur le dos, une sur chaque flanc. Sur les plantains et les scabieuses, le tremble, etc.

Papillon en juin dans les bois; espèce peu commune, assez localisée : Bondy, Montmorency, Villers-Cotterets, Épernay, Loiret.

M. Athalia 38. millimètres.

Ailes fauves, la base obscure, surtout aux inférieures, bordées de noir et rebordées de blanc. Les supérieures portant, y compris la bordure, six lignes flexueuses noires, les inférieures quatre. Dessous des ailes inférieures jaune pâle; elles sont traversées par deux bandes ferrugineuses, la plus large étant près de la base, toutes deux finement bordées de noir, la plus large portant des taches jaunes cerclées de noir.

Très commune partout en juin et en août, dans les bois et les prairies avoisinantes. La variété *Pyronia*, de couleur foncée en dessus, les ailes supérieures obscurcies en dessous, se trouve à Lardy.

Chenille en mai et septembre sur le mélampyre des bois et le plantain.

M. Dictynna, 38 millimètres.

Beaucoup plus obscure que les précédentes, se trouve aux environs de Paris : Bondy, Ozouer, Compiègne, plus commune dans les montagnes : Vosges, Auvergne, etc.

M. Parthenie. 35 millimètres. Ressemble à *Athalia*, mais plus petite. Les lignes noires qui traversent les quatre ailes sont plus étroites, et la ligne médiane des supérieures est formée souvent de taches séparées.

Commune dans le centre de la France. Se prend à Fontainebleau.

Le genre *Argynnis* renferme une trentaine d'espèces, dont une douzaine sont de nos pays.

Ce sont des papillons souvent grands, mais plus souvent encore de taille moyenne et petite. Leurs ailes, de couleur fauve, sont tachetées de noir; en dessous elles sont d'un teint beaucoup plus clair et portent surtout sur les inférieures, souvent teintées de verdâtre, des taches argentées ou nacrées; aussi ces papillons sont-ils vulgairement nommés les *Nacrés*.

Caractères du genre. Tête grosse, de la largeur du thorax, antennes moyennes, terminées par un fort bouton plat en dessous. Le dernier article des palpes glabre et pointu. Abdomen un peu plus court que les ailes inférieures, parfois de la même longueur. Les ailes sont légèrement denticulées. Femelles ordinairement plus grandes.

Chenilles épineuses. Chrysalides anguleuses, métalliques, portant sur le dos deux rangées de pointes.

A. Selene; le *Petit Collier argenté.* Envergure, 38 millimètres. Ailes fauves tachetées de brun. Les inférieures ferrugineuses en dessous, avec trois bandes nacrées, dont la dernière forme bordure et est intérieurement séparée de la seconde par un espace brun foncé, coupé de jaune. Le dessous des ailes supérieures ferrugineux, marqué de brun à l'extrémité. La femelle est plus grande que le mâle.

Chenille noir velouté avec des épines jaunes. Vit sur les violettes.

Papillon très commun dans les bois en mai, août et septembre.

A. Euphrosine. Envergure, 40 millimètres. Le dessus plus pâle que *Selene*. Le dessous des supérieures marqué de brun clair à l'extrémité, dessous des inférieures portant au milieu une large bande nacrée et bordé extérieurement d'une série de taches nacrées semi-lunaires.

Chenille noire, avec deux rangées de taches orange sur le dos; en juin et en septembre sur la violette.

Papillon commun, pendant toute la belle saison, dans les allées et les clairières des bois.

A. Dia; la *Petite violette.* Envergure, 34 millimètres. Ailes fauves en dessus avec la base noirâtre, le noirâtre portant parfois une tache jaune entourant une tache noire. Dessous des ailes supérieures brun à l'extrémité; les inférieures sont en dessous d'un brun violacé, varié de jaune avec deux bandes de taches nacrées, l'une au bord de l'aile, l'autre au milieu.

Chenille grise avec des rangées d'épines blanches et rougeâtres; sur les violettes.

L'*A. Dia* n'est pas rare dans les clairières des bois secs en mai et en août.

Un autre groupe comprend des espèces plus grandes :

A. Lathonia; le *Petit Nacré.* Chenille très épineuse, brun grisâtre, avec une ligne blanche le long du dos. Sur la bourrache, le sainfoin, la pensée, en mai et juillet.

Papillon commun dans les bois en mai, août et septembre.

A. Aglaja; le *Grand Nacré* Envergure, 58 millimètres. Dessus des ailes d'un fauve vif, avec la base obscure, piquetées et tachetées de noir. Dessous des inférieures jaunâtre, largement lavé de vert à la base et au bord interne, avec des taches ovales nacrées sur le disque et sept croissants nacrés formant bordure, celle-ci lisérée de brun.

La femelle plus grande, aux ailes plus arrondies, a le dessous des ailes plus largement teinté de vert à la base.

Chenille noirâtre avec une ligne de huit taches rousses sur chaque flanc et une ligne pâle le long du dos. En juin sur la violette.

Papillon commun dans les bois, sur les fleurs des ronces, en juillet.

A. Niobe. Envergure, 46 millimètres. Plus petite que la précédente. Dessous des ailes inférieures à peine lavé de vert au bord interne.

Montagnes de l'est et du midi de la France.

A. Adippe. Envergure, 58 millimètres.

Chenille rouge brique ou olivâtre, avec une ligne blanche sur le dos. Vit sur diverses espèces de violettes, en juin.

Papillon commun en juillet dans les bois, sur les fleurs de ronce.

L'aberration *Cleodoxa* n'est pas nacrée en dessous ; les points nacrés, cerclés de roux, persistent.

A. Paphia ; le *Tabac d'Espagne*. Grande et belle espèce de nos environs, 65 millimètres d'envergure.

Chenille brune à taches jaunâtres le long du dos. Sur la violette sauvage, le framboisier sauvage, en mai.

Le *Tabac d'Espagne* n'est pas rare, en juillet et en août, dans les clairières sablonneuses des grands bois où il y a des chardons.

La variété femelle, *Valesina,* très foncée, dans laquelle le fauve est remplacé par un ton olivâtre ou noir verdâtre.

Plus rare que *Paphia ;* se prend à Fontainebleau et à *Saint-Germain*.

A. Pandora, 66 millimètres d'envergure. Belle espèce du midi et l'ouest de la France ; en juin et juillet dans es mêmes conditions que *Paphia*.

Citons encore parmi les grandes *Argynnes :* l'*A. Alexandra* du Caucase, *Elysa* de Corse, et dans les petites : *A. Aphirape,* du nord de l'Europe, prise parfois dans les Vosges ; *A. Pales,* des Pyrénées et des Alpes, avec ses aberrations *Napæa* et *Arsilache ; A. Hecate,* du midi de la France. Aux Argynnes se rattachent les *Agraulis* des deux Amériques (*A. Moneta, A. Vanillæ*), la première du Mexique, la seconde de l'Amérique du Sud et des Canaries.

La famille des *Satyrides* est ainsi caractérisée par Berce :

« Antennes terminées par un bouton court et piriforme, tantôt par une massue grêle et presque fusiforme. Palpes s'élevant notablement au delà du chaperon, hérissé de poils en avant. Tête petite, yeux tantôt glabres, tantôt pubescents. Corselet peu robuste. Ailes supérieures ayant presque toujours la nervure costale, surtout la médiane, et quelquefois la sous-médiane ou l'inférieure, dilatées et un peu vésiculeuses à leur base. Cellule discoïdale des ailes inférieures fermée. Gouttière anale peu prononcée et laissant l'extrémité de l'abdomen à découvert lorsque les ailes sont relevées dans le repos. Vol sautillant et peu soutenu.

« Chenilles atténuées postérieurement, et dont le dernier anneau se termine en queue bifide. Elles sont tantôt lisses, tantôt rugueuses, tantôt pubescentes. Elles vivent toutes exclusivement de graminées. Chrysalides tantôt oblongues et un peu anguleuses, avec la tête en croissant ou bifide, et deux rangées de petits tubercules sur le dos, tantôt courbes et arrondies, et avec le dos uni, toutes sans taches métalliques. »

Les *Satyrides*, dont l'Europe nous offre près de cent espèces réparties en neuf genres, possèdent aussi un nombre très grand de représentants exotiques : si les espèces de nos climats sont en général petites et de couleur sombre, c'est parmi celles des pays chauds, des régions tropicales de l'Amérique, qu'il faut chercher les plus beaux et les plus grands papillons diurnes. Le splendide *Morpho* à l'éclat métallique, les superbes *Pavonia* dont la robe rappelle celle des faisans Argus, sont, dans le Nouveau Monde, les plus remarquables représentants de la famille. Genres principaux d'Europe : *Arge*, *Erebia*, *Chionobas*, *Satyrus*, *Pararge*, *Epinephele*, *Cœnonympha*.

Arge. Satyres blancs et noirs, à antennes longues, grossissant à partir du milieu pour former insensiblement une massue fusiforme. Le dernier article des palpes glabre et pointu. Ailes arrondies, faiblement dentées.

A. Galathea ; le *Demi-Deuil*. — Envergure, 47 millimètres. Ailes blanc jaunâtre, noires à la base, avec des taches noires, bordées irrégulièrement de noir. Beaucoup plus clair en dessous, les inférieures portant deux bandes grises, l'extérieure portant des petits yeux noirs. La variété *Procida*, de Provence, est plus chargée de noir.

Chenille verte ou grise avec une ligne sur le dos et une sur chaque flanc, obscures, bordées de lignes plu

Fig 67. — Satyrus hyperanthus, Ægeria, sa chenille et sa chrysalide; Arge Galathea, Sastrus Pamphilus, Megera, Semele.

claires. En avril et en mai sur diverses graminées. La chrysalide se trouve à terre : jaunâtre avec deux taches noires sur la tête.

Le Demi-Deuil est très commun dans tous les lieux incultes, les bois secs, en juin et juillet.

A. Lachesis. 55 millimètres. Plus grand que le précédent, beaucoup moins taché de noir. Les quatre ailes bordées de noir avec la base obscure, une seule tache noire aux ailes supérieures, près de la côte.

Midi de la France. Mai et juin.

A. Clotho est représenté en France par sa variété *Cleanthe* et *Psyche*, qui sont du midi de la France, *A. Ines* d'Espagne, *A. Herta*, de Dalmatie, etc.

Erebia. Tête plus étroite que le corselet, palpes longs, antennes moyennes, plutôt courtes. Papillons brun foncé, enfumés, portant presque toujours une bande d'un roux ferrugineux marquée de taches en forme d'œil noir et blanc. Les *Erebia* habitent les montagnes et ne vivent jamais dans les pays plats. Les anciens auteurs les nommaient *Satyres nègres.* Ce genre est représenté dans les régions montagneuses de la France par une trentaine de formes, dont nous allons citer les plus remarquables.

E. Epiphron d'Allemagne, représentée en France par sa variété *Cassiope.* C'est une petite espèce de 33 millimètres d'envergure. Brun noir, les ailes supérieures portant près de leur bord externe une bande ferrugineuse, divisée en brun par les nervures, portant quatre points noirs.

Habite les Alpes, les Pyrénées, les Vosges, l'Auvergne, en juillet.

La variété *Nelamus* présente la bande ferrugineuse avec les points noirs absents ou incomplètement effacés.

Les *E. Melampus* et *Pharte*, très voisines de l'espèce précédente, habitent l'une les Pyrénées et les Vosges, les Alpes et l'Auvergne, l'autre la Savoie et l'Isère.

E. Pyrrha. Espèce plus grande, 40 millimètres d'envergure. Ailes brunes avec une bande ferrugineuse assez obscure et diffuse; des Alpes et des Pyrénées, Isère, etc.

Dans l'*E. Ceto*. Espèce un peu plus grande que la précédente, les bandes ferrugineuses sont plus apparentes, et les points noirs plus accentués. Dauphiné et Pyrénées.

E. Œme. Environ 38 millimètres; des Alpes, Auvergne.

E. Medusa. Espèce assez grande. Envergure, 42 millimètres. Les quatre ailes brunes, les supérieures portant près du bord une bande ferrugineuse, divisée par les nervures, ornée près du bord apical de deux yeux noir et blanc, puis d'une tache, d'un œil, et d'un petit point noir. Les inférieures portant aussi une bande ferrugineuse ornée de trois petits yeux.

Vosges. Cette espèce descend beaucoup plus que les autres, s'avançant presque dans les plaines et les collines de Bar-sur-Seine.

Le genre *Chionobas* est propre aux régions polaires et aux régions élevées des Alpes. Une espèce le représente en France; on la trouve en Savoie, à Chamouny.

Chionobas Aëllo. 45 millimètres d'envergure. Les quatre ailes d'un fauve pâle, les supérieures ornées de deux points noirs près du bord externe, les inférieures en portant un seul près du bord inférieur. On le prend en juillet et en août aux Grands-Mulets ou au Jardin. D'autres espèces fréquentent les glaciers du nord de l'Europe : *C. Norna*, Lapponie, *C. Œno*, l'Islande, etc.; d'autres encore, les montagnes Rocheuses, l'Himalaya, etc.

Le genre *Satyrus* nous offre de nombreuses espèces habitant nos environs pendant la belle saison.

Caractères du genre : antennes moins longues que le corps; palpes poilus, hérissés; leur dernier article très court et aigu; ailes supérieures arrondies, ailes inférieures à dents obtuses.

S. Hermione; le *Sylvandre*. 65 millimètres. Grande et belle espèce, commune en juillet et août dans la forêt de Fontainebleau. Les ailes, d'un beau brun velouté, portent une bande blanchâtre longeant le bord et n'atteignant pas le bord interne dans les inférieures. Aux ailes supérieures la bande blanche émet un prolongement interne à la côte, et à cet endroit se remarque un œil noir à pupille blanche. Un point noir sur cette bande entre les quatrième et cinquième nervures. Un petit œil à l'angle nterne des ailes inférieures. La variété *Alcyone*, petite, à bande des ailes inférieures plus obscure extérieurement, est de la France méridionale.

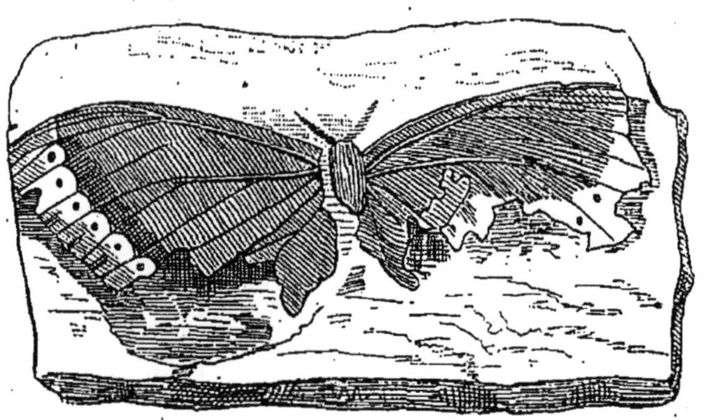

Fig. 68. — Mylotrites Pluto, papillon fossile.

S. Circe. 70 à 75 millimètres. Brun velouté, les quatre ailes lisérées de blanc. Les ailes supérieures ont une bande d'un beau blanc se continuant avec celle des ailes inférieures, également blanche. Cette bande de l'aile supérieure est rejointe au bord apical par trois taches blanches, et porte en son milieu un point noir.

Cette belle espèce n'est pas rare dans le midi de la France.

Les chenilles de ces deux grands *Satyres* vivent sur les graminées, qu'elles rongent pendant la nuit; durant le jour elles se tiennent cachées sous les pierres, les feuilles sèches.

S. Briseis; l'*Ermite*. 52 millimètres. Ailes brunes avec une bande transversale blanc jaunâtre, divisée par les nervures; celle des inférieures beaucoup plus large que celle des supérieures et non divisée; souvent aussi elle est plus diffuse et plus obscure, parfois au contraire elle envahit tout le disque et le bord interne, ne laissant que la base et une large bordure brune. Deux yeux noirs à pupille blanche sur la bande des ailes supérieures. Dessous gris blanchâtre avec deux taches et deux yeux noirs aux ailes supérieures, deux taches brunes aux inférieures, les quatre portant près de leur bord une ligne sinueuse brune.

Chenille grise avec le ventre blanc et trois lignes foncées sur le dos; mœurs des précédentes.

Ce Satyre est commun en France dans les endroits arides, on le trouve dans nos environs, à Lardy, en juillet et août. La variété *Pisata* d'un brun plus ardent, aux bandes obscures, est du midi de la France. Une espèce voisine, *S. Anthe*, et sa variété *Hanifa* habitent la Russie.

S. Semele; l'*Agreste*. 48 millimètres. Espèce très commune partout en juillet et août dans les bois secs. Ailes d'un brun jaunâtre bordées de noirâtre. Une bande fauve, large, traverse les quatre près de leur bord et porte, aux ailes supérieures, deux gros points noirs. La bande fauve n'atteint pas le bord interne des ailes inférieures et porte à l'endroit où elle vient mourir un point noir. En dessous, les ailes supérieures sont fauves à la base, puis ferrugineuses avec la côte et le bord externe lavés de gris; deux points noirs près du bord. Les inférieures grises, variées de brun, sont traversées par une bande sinueuse et large blanchâtre.

S. Arethusa; le *Mercure*. 43 millimètres. Les quatre ailes brun obscur avec la bande fauve, séparée par les nervures. Un point noir sur la bande au sommet de l'aile supérieure, ce point noir reparaissant en dessous. Commun en août, à Fontainebleau, Lardy.

S. Fauna; le *Faune*. 45 millimètres. Brun foncé, les ailes lisérées de blanc. Une rangée de points noirs bordant l'aile inférieure; deux points noirs séparés par un point blanc sur l'aile supérieure, près du bord. La femelle plus grande, d'un brun moins obscur, a les ailes supérieures jaune d'ocre saupoudré de noir à leur extrémité Dessous des ailes inférieures avec la base grisâtre d'une bande nébuleuse au milieu et la bordure grisâtre chez le mâle; chez la femelle le dessous des supérieures a des yeux plus grands et plus cerclés de jaune.

Assez commun à Fontainebleau, Lardy, en août.

S. Fidia, Actæa, Phædra sont du midi et de l'est de la France. *Phædra* est une belle espèce de 55 millimètres d'envergure, brun foncé avec deux yeux blancs cerclés largement de bleuâtre et entourés d'un mince filet jaune, se reproduisant en dessous.

Citons encore le *S. Cordula* des Alpes, de l'Isère, le *S. Boxelama* de Morée, *Clymene* de Turquie, *Lyssa* de Dalmatie.

Une espèce très abondante aux environs de Paris nous fournit le premier type du sous-genre *Pararge.*

Les *Satyres* de cette division n'ont qu'un œil sur les ailes supérieures, mais en présentent plusieurs sur les ailes inférieures. Leurs chrysalides se suspendent par la queue.

S. Mæra; le *Satyre.* 45 millimètres. Brun jaunâtre, les quatre ailes portant près de leur bord une large bande fauve pâle avec un œil blanc, cerclé de noir au sommet de l'aile supérieure et deux petits au bord externe de l'aile inférieure. Commun en mai et juillet dans les terrains secs et arides. A ce groupe se rattachent *S. Hiera* des Alpes, *Tigelius* de Sardaigne.

S. Megæra. 40 millimètres. Ailes jaune fauve avec les nervures et des bandes transversales brunes, et la base obscure. Un œil au sommet des ailes supérieures, trois petits aux ailes inférieures.

Commun en mai et juillet, dans tous les bois, sur les chemins, etc.

S. Ægeria. 38 à 40 millimètres. Ailes plus dentées que chez les précédents, d'un brun obscur avec leur frange blanche. Les supérieures tachées largement près de leur bord de jaune sur un fond plus obscur. La tache jaune du sommet contenant un œil noir. Ailes inférieures ornées d'une bande jaune suivant le bord dont elle est séparée par une ligne brune et n'atteignant pas l'angle interne. Dans les champs que délimitent sur le jaune les nervures brunes un œil blanc et noir. Un croissant jaune sur le disque.

Nord et centre de la France. Commun en mai et juillet.

S. Dejanira. 46 millimètres. Brun gris, une rangée d'yeux le long du bord des ailes supérieures commençant à la côte et finissant au milieu de l'aile allant en augmentant de taille. Deux gros yeux aux ailes inférieures.

En juin dans les bois ombragés, la chenille vit sur l'ivraie.

Ici viennent se placer *S. Eudora* et sa variété *Lupinus* de la France méridionale, premiers types du sous-genre *Epinephile.* Les *Satyres* de cette division n'ont qu'une tache oculaire sur les ailes supérieures, la femelle du *S. Eudora* fait exception.

S. Janira; le *Satyre Myrtile.* Envergure 45 millimètres. Ailes brunes avec la base plus obscure. Les supérieures ayant à leur extrémité une large bande diffuse roussâtre avec un œil noir au sommet; la teinte roussâtre envahit parfois tout le haut de l'aile, dont le disque seul reste foncé. La femelle, plus grande et plus claire, a les ailes supérieures traversées par une bande fauve portant l'œil à son sommet, les inférieures portent près de leur bord une bande plus claire que le fond.

Commun dans les bois en juin et juillet. Dans la variété *Hispulla,* d'une belle teinte fauve avec l'œil beaucoup plus grand, la bande des ailes inférieures est entièrement fauve chez la femelle. Midi; parfois Fontainebleau.

Le *S. Ida* de Provence, aux ailes fauves, bordées de noir,

les supérieures portant une tache noire chez le mâle et un œil apical dans les deux sexes, nous amène à une espèce typique de nos environs.

S. Tithonius; l'Amaryllis. 37 millimètres. Ailes fauves, bordées de brun, les supérieures ayant sur le disque une tache oblongue, velue, fondue sur ses bords, partant du bord inférieur. A leur sommet, un œil noir à deux points blancs. Femelle plus grande, plus pâle, sans tache sur le disque des ailes supérieures.

Très commun en juin et juillet dans les bois.

La chenille verte, ou gris bleuâtre, avec une ligne obscure sur le dos et une blanche sur chaque flanc, vit sur les graminées en juin. La chrysalide, bifide antérieurement comme toutes celles du groupe, est suspendue. Elle a les couleurs de la chenille avec quelques taches noires sur les gaines des ailes.

S. Pasiphaë du Midi a les ailes inférieures brun foncé en dessous et traversées par une ligne courbe blanche; en dessus il ressemble beaucoup au précédent, dont il a la taille.

S. Hyperanthus; le *Tristan*. 42 millimètres. Les quatre ailes d'un brun foncé uniforme. Un œil noir cerclé de jaune, souvent deux au sommet de l'aile supérieure, les ailes inférieures en portant trois près du bord, jusqu'à cinq chez la femelle.

La chenille vit en mai sur les graminées; le papillon commun en juin dans les bois.

Le sous-genre *Cœnonympha* comprend des Satyres de petites espèces dont les ailes portent plus ou moins de taches oculaires; la majorité des espèces portant en dessous, près de la frange, une ligne argentée.

S. Œdipus. 42 millimètres. Une des grandes espèces du groupe brun foncé en dessus, plus clair en dessous, avec de grands yeux noirs cerclés de jaune. France méridionale.

S. Hero; le *Mélibée*. 32 millimètres. Brun obscur,

deux à trois yeux au bord des ailes inférieures, ces yeux plus nombreux sur leur dessous, qui est traversé d'une bande blanche.

Se rencontre aux environs de Paris en juin, à Fontainebleau, dans les bois de Notre-Dame.

S. Iphis. 32 millimètres. Ailes d'un brun clair, le disque des supérieures plus clair. Les inférieures souvent liserées de fauve, d'un gris verdâtre en dessous avec une tache blanche.

Contrées montagneuses de l'est et du midi de la France.

S. Arcanius; le *Céphale.* 34 millimètres. Ailes supérieures fauves largement bordées extérieurement de brun ailes inférieures brun foncé, plus clair en dessous avec une large bande jaunâtre ayant un œil à son angle interne, et extérieurement de petits yeux, quatre ou six.

Commun dans les bois en juin et juillet.

Ici viennent se placer les *S. Phileas* et *Dorus* du midi de la France et *Corinna* de Sardaigne et de Corse.

S. Pamphilus; le *Procris.* 29 millimètres. Petite espèce aux ailes d'un jaune fauve, bordées de brunâtre, les supérieures portant à leur sommet un point noir représenté en dessous par un œil. Dessous des inférieures d'un gris verdâtre avec une tache plus claire diffuse ayant une marque foncée au milieu.

La chenille vit en avril, mai, puis en août et septembre, sur les graminées.

Papillon commun partout aux mêmes époques.

Dans la variété *Lyllus* des montagnes et du midi de la France, la bordure des quatre ailes est plus foncée, le point apical plus gros, le dessous plus ocellé. Le *S. Davus* des Vosges est plus grand, plus fauve, avec la bordure des ailes blanche.

N'oublions pas une remarquable espèce de Russie, dont le mâle entièrement brun obscur a les ailes liserées de blanc, tandis que la femelle est entièrement blanche (*S. Phryne*).

Dans les *Satyrides* viennent se ranger les espèces à ailes transparentes du genre *Hetæra* qui habitent l'Amérique. Citons *H. Philoctetes, Piera, Lena* de Cayenne.

Le groupe des *Morphides* nous offre de splendides papillons de l'Amérique du Sud, aux ailes métalliques

Fig. 69. — Morpho Leonte.

en dessus, brun chatoyant en dessous. Leur envergure est rarement moindre de 13 et atteint parfois 18 centimètres.

Les femelles des *Morpho* sont souvent fauves ou brun sombre. D'autres Morphides, les *Pavonia*, sont à demi crépusculaires et portent sur des ailes grisâtres, en des-

sous, de grandes taches ocellées. Les *Pavonia* habitent les mêmes pays que les *Morpho*.

La petite famille des *Érycinides*, placée entre les *Satyrides* et les *Lycénides*, présente comme caractères : palpes petits, courts, droits, ne dépassant pas la tête; pattes antérieures des mâles incomplètes. Cellule discoïdale des ailes inférieures fermée. Gouttière des ailes peu prononcée

Les chenilles ovales, hérissées de poils fins avec la tête petite et globuleuse, ont les pattes

Fig. 70. — Hymenitis Eritea; Hetæra Lena; Hetæra piera.

tres courtes. Les chrysalides arrondies sont aussi hérissées de poils fins, et sont succinctes.

Un genre représente cette famille en Europe et ne possède qu'une seule espèce, *Nemeobius Lucina*, le *Fauve à taches blanches*. 25 millimètres.

Petit papillon fauve à taches noires, les ailes inférieures très obscures en dessus ; en dessous elles présentent deux bandes transverses de taches blanches, l'extérieure beaucoup plus large. Ressemble à une petite *Melitæa*.

Chenille ovale, aplatie, rousse avec une ligne dorsale brune, un point noir sur chaque anneau, tout le corps couvert de faisceaux de poils roux. Juin et septembre. Vit sur la primevère et les Rumex. Chrysalide succincte jaunâtre, à poils noirâtres, piquetée de noir.

Papillon en mai et en août dans les forêts humides, rare maintenant aux environs de Paris, se prenait à Bondy; plus commun à Lardy; bois de Sainte-Geneviève à Épinay.

CHAPITRE VI

Les Rhopalocères (*fin*). — Lycénides. — Hespérides.

Les *Lycénides* représentent une famille nombreuse de petits papillons, souvent ornés de brillantes couleurs et ayant les ailes inférieures parfois terminées par de petites queues, et plus ou moins ocellées en dessous.

Les caractères distinctifs de cette famille sont ains énoncés par Berce.

Antennes droites, tige annelée de blanc, terminée par une massue allongée de forme peu variable; palpes dépassant de beaucoup la tête, dernier article grêle et bien distinct des deux autres. Corselet robuste. Abdomen plus ou moins court, caché presque en entier par les deux bords internes des ailes inférieures qui se joignent en dessous et forment gouttière dans l'état de repos.

Cinq genres européens composent cette famille : *Thecla*, *Thestor*, *Polyommatus*, *Cigaritis*, *Lycæna*.

Le genre *Thecla* renferme près de vingt espèces européennes dont huit habitent la France. Leurs ailes inférieures sont presque toujours terminées par une petite queue linéaire.

T. Betulæ. Le porte-queue à bande fauve. Env. 36 mill. Brun velouté en dessus, une bande orange traversant l'aile supérieure, le bord inférieur et la queue des ailes inférieures fauve vif. Le dessous des quatre ailes ferrugineux avec des bandes étroites blanches; une à l'aile supérieure qui a en son milieu un trait noir, deux à l'aile inférieure, bordée de roux.

La chenille qui, comme toutes celles de la famille, est raccourcie, en forme de cloporte, verte avec des raies jaunes le long du dos, vit sur le bouleau, le prunellier.

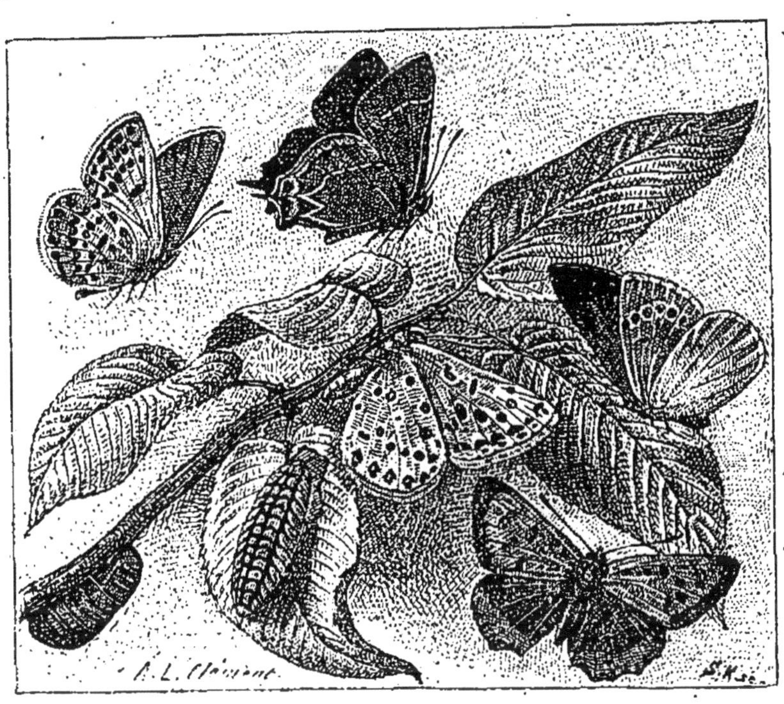

Fig. 71. — Thecla W. album; Lycæna argus; Chenille et chrysalide de Th. W. album; Lycæna Cyllarus; Lycæna Corydon, dessous; Polyommatus Phlœas.

Le papillon se rencontre aux environs de Paris en août et septembre, dans les bois; jamais commun.

Th. Spini. 32 millimètres. Est et sud de la France, juin, juillet

Th. W. album. 35 millimètres. Espèce brun obscur en dessus; dessous des ailes plus clair, traversé d'une bande blanche très étroite aux supérieures, de même aux inférieures, celles-ci terminées par une petite queue, le bord inférieur rouge ardent avec des points noirs.

Pas rare aux environs de Paris dans tous les endroits où il y a des ormes, en juin et au commencement de juillet.

Th. Ilicis ou *Lynceus.* 33 millimètres. Dessus brun noir, la femelle ayant une large tache fauve sale sur l'aile supérieure. Dessous d'un brun clair, une ligne blanche peu marquée traversant les supérieures, plus marquée et sinueuse aux inférieures, bordées d'une série de taches fauves lisérées de noir.

Espèce commune sur les ronces en juin et juillet, la chenille vit sur le chêne en mai. La variété *Cerri* porte la tache faune des ailes supérieures dans les deux sexes.

Th. Acaciæ. 27 millimètres. Petite espèce du centre et du midi de la France, brun noirâtre, sans queue; le dessous gris portant une ligne blanche traversant les deux ailes, les inférieures marquées de jaune fauve à l'angle nterne.

Th. Pruni. 34 millimètres. Brun enfumé; ailes inférieures portant une petite queue et marquée de fauve au bord inférieur. Le dessous est d'un brun clair avec une ligne blanche, ondulée et interrompue, les ailes inférieures ayant une large bande fauve vif, et bordées des deux côtés d'un rang de points noirs dont les supérieurs sont surmontés d'arcs blancs.

Clairières des grands bois; peu commune.

Th. Roboris ou *Evippus.* 34 millimètres. Espèce des montagnes du midi de la France, brune avec le disque des ailes supérieures violet; le dessus gris; les inférieures sans queue sont ornées en dessous d'une rangée de petits yeux qui les bordent.

Th. Quercus. 34 millimètres. Ailes brun noir en dessus glacé de violet; dessous gris clair satiné avec une ligne blanche onduleuse et deux taches rousses à l'angle interne des inférieures.

Espèce commune partout en juin et juillet, dans les bois de chênes sur lesquels sa chenille vit. Celle-ci est grise, passant au brun, avec des rangées de points jaunâtres le long du dos; la chrysalide brune, tachetée de clair, fait entendre, quand on la saisit, une sorte de stridulation.

Th. rubi; l'Argus vert. 28 millimètres. Brun fauve en dessus, les ailes inférieures sans queue. Dessous des quatre ailes vert avec une ligne de points blancs peu distincte.

Chenille, en juillet et août; sur les ronces et le genêt à balais. Le papillon est commun dans les bois au printemps.

Les *Polyommatus*, jolis petits papillons vermeils ou bronzés, tachetés et bordés de noir, ont les antennes lo ues terminées par une massue courte et épaisse.

eurs chenilles, semblables à celles des *Thecla*, vivent sur les plantes basses. Les chrysalides, ovoïdes, sont pubescentes.

P. Ballus (*genre Thestor*). 28 millimètres. Jolie espèce du midi de la France. Mâle, brun cendré en dessus; femelle fauve, avec la base des inférieures et la bordure externe des supérieures cendrées. Dessous des supérieures fauve à gros points noirs, largement bordé de gris; des inférieures vert duveté avec des points blancs; la bordure grise, large, avec des points blancs.

P. Virgaureæ. 33 millimètres. (*Polyommates vrais*).

Le mâle est en dessus d'un beau fauve doré brillant bordé de noir, la bordure noire des inférieures dentelée intérieurement. La femelle est en dessus d'un fauve moins vif avec beaucoup de taches brunes et les inférieures souvent brunes entièrement.

Le dessous est d'un fauve pâle terne avec des points noirs aux ailes supérieures et des taches blanches aux inférieures.

Alpes, Pyrénées, Vosges, Auvergne, etc. Mai et juillet. Chenille en juin et septembre, sur la verge d'or.

P. Hippothoë. 22 millimètres. Espèce des marécages de l'est de la France.

Dans une espèce voisine, *P. Eurydice,* qui se prend à Compiègne, la femelle est brune en dessus, et le dessous des quatre ailes est gris, bleuâtre à la base des inférieures avec deux points noirs aux supérieures.

P. Hiere. 36 millimètres. Espèce des montagnes l'Est et des Alpes.

P. Gordius. 37 millimètres. Ailes d'un fauve orangé très vif, glacées de violet avec de très gros points noirs, les points du disque n'ayant pas de reflets violets. Le dessous des supérieures fauve rougeâtre avec des points noirs très peu ocellés. Dessous des inférieures d'un cendré jaunâtre avec beaucoup de points ocellés et une bande rougeâtre lisérée de points noirs. La femelle, d'un fauve pâle et sans reflets violets, a les points noirs plus gros.

Montagnes de l'Est et du Midi. France méridionale, juin et juillet.

P. Xanthe; l'*Argus myope.* 30 millimètres. Petite espèce commune dans nos environs pendant la belle saison. Dessus des ailes d'un brun noir avec des points noirs et la bordure fauve plus ou moins entière. Dessous jaunâtre passant au verdâtre ou au gris bleuâtre avec des points noirs en plus grand nombre sur les inférieures, celles-ci bordées inférieurement de ferrugineux. Les points noirs bordant cette marge ferrugineuse de deux côtés parfois réunis entre eux et formant des lignes noires.

P. Phlœas; le *Bronzé.* 28 millimètres. Commun partout du printemps à l'automne ; paraît manquer en mai, juin et juillet. Le disque des ailes supérieures est fauve doré avec de gros points noirs, le reste de l'aile brun obscur. L'aile inférieure, brun obscur, est bordée de fauve vif. En dessous les ailes inférieures sont ferrugineuses, à gros points noirs, bordées de gris, les ailes inférieures grises.

La chenille vit sur l'oseille sauvage.

Les *Lycæna* sont de petits papillons généralement bleu

tendre en dessus, gris en dessous ; les femelles, brunes. Quelques espèces ont les ailes inférieures terminées par une queue.

L. Bœtica ; le *Porte-Queue bleu strié.* Environ 34 millimètres. Dessus des ailes d'un violet foncé, bordées de brun, les inférieures ayant deux points noirs à leur angle interne près de la petite queue. Dessous jaunâtre, traversé par des lignes blanches flexueuses, une bande blanche traversant obliquement l'aile inférieure. La femelle, plus grande, est brune avec le disque violet.

La chenille verte, au dos taché de rouge, se nourrit des graines du baguenaudier, parfois des pois verts. La chrysalide, jaunâtre, est piquetée de noir sur le dos.

Se rencontre dans nos environs ; plus commun dans le Midi et le Centre.

Le *L. Telicanus*, petite espèce du midi de la France, a aussi les ailes munies d'une queue ; elle est brune avec le disque des ailes supérieures violet.

L. Amyntas (*Tiresias*) ; le *Petit Porte-Queue.* Environ 29 millimètres. Dessus des ailes bleu violet avec une étroite bordure noire ; femelle, brune en dessus. La queue des ailes inférieures est petite et mince. Dessous des ailes gris perle avec des lignes de points noirs. Les inférieures marquées de fauve au bord externe.

Commun dans toute la France. Dans la variété *Polysperchon*, beaucoup plus rare et plus petite (25 millimètres), les marques fauves manquent à l'aile inférieure. Allemagne.

Les espèces suivantes n'ont pas de queue aux ailes inférieures :

L. Ægon. 25 millimètres. Violet en dessus, les quatre ailes bordées de noir avec la frange blanche. Femelle brune. Dessous gris perle avec une large bordure ferrugineuse et de nombreux ocelles noirs. La teinte générale est parfois café au lait.

Commun dans les bois en juin et juillet.

L. Argus. 29 millimètres. Plus grand, bordure plus étroite; la femelle, brun foncé et les quatre ailes bordées de macules ferrugineuses qui n'atteignent pas le bord. Dessous gris foncé, café au lait, avec de gros points noirs; les quatre ailes bordées de fauve vif, puis lisérées de noir, la frange blanche. De gros points noirs accompagnent la bande fauve des deux côtés.

Ressemble beaucoup à *Ægon*, mais est toujours plus grand; la bordure noire est plus étroite et plus tranchée. En dessous, les ocelles des ailes supérieures sont alignés d'une manière plus régulière et moins courbe. Il y a des femelles qui ont le disque des quatre ailes bleu comme chez le mâle.

Des Alpes, en juillet.

Les *L. Optilete* et *Battus* sont aussi du midi de la France; il en est de même pour *Pheretes, Orbitulus, Eros, Agestor, Chiron, Icarius*.

L. Hylas.

Environ 22 millimètres. Ailes d'un bleu cendré violâtre en dessus, bordées d'une étroite bande noire, accompagnée d'une rangée de points noirs. Une petite lunule noire sur le disque. Le dessous, gris, est cendré avec de petits ocelles; les inférieures ont la base bleuâtre et portent une série de taches fauves appuyées en dehors et en dedans de points noirs. — La femelle, plus grande, est brun noirâtre, avec la base plus ou moins violâtre.

Assez commun aux environs de Paris.

L. Medon (*Agestis*).

26 millimètres. Les deux sexes sont bruns en dessus avec une bande fauve orangé près du bord des quatre ailes. En dessous elles sont gris cendré, les bandes fauves se répétant, beaucoup d'ocelles noirs cerclés de blanc.

Commun en mai, juillet et août.

L. Alexis (*Icarus*).

32 millimètres. Bleu violet en dessus, les ailes fran-

gées de blanc. Dessous gris cendré avec des ocelles, la base des ailes inférieures souvent bleuâtre, une bande ferrugineuse près du bord des quatre ailes. Femelle brun en dessus avec une série de taches fauves près du bord des quatre ailes, souvent le disque des ailes est violet et cette teinte violette peut envahir toutes les ailes par aberration dite *maris colore*.

Dans la variété *Thersites*, moins commune, les ailes supérieures sont en dessous dénuées d'ocelles à leur base; cette variété est ordinairement plus petite.

Environs de Paris; très commun pendant toute la belle saison.

L. Adonis; Argus bleu céleste.

32 millimètres. Les quatre ailes sont en dessus d'un beau bleu d'azur, bordées d'une fine ligne noire, lisérées de blanc. En dessous elles sont café au lait, lisérées de blanc, chargées d'ocelles noirs cerclés de blanc, avec leur base plus ou moins verdâtre. — La femelle brune, parfois saupoudrée de violet, a des lunules fauves au bord des ailes inférieures et parfois aussi à celui des supérieures.

Commun partout en mai, juillet et août.

L. Corydon; l'Argus bleu nacré.

34 millimètres. Dessus des quatre ailes d'un bleu argenté velouté, largement bordé de noir; la bordure des ailes inférieures portant des ocelles. Dessous d'un gris jaunâtre ou verdâtre; aux ailes supérieures, sur le disque, des points noirs souvent unis entre eux; bordure de points noirs; les inférieures chargées d'ocelles et lavées de brunâtre.

La femelle brune, souvent saupoudrée de violet aux ailes inférieures, avec la bordure des quatre ailes composée de macules ferrugineuses, porte sur les ailes supérieures, à leur disque, une lunule blanche. Souvent de la couleur du mâle par l'aberration *maris colore*.

Chenille pubescente, bleu clair ou verte, avec trois

lignes sur le dos, une médiane foncée, les deux autres composées de taches fauves triangulaires ; vit sur les trèfles, le lotier, l'hippocrepis, etc.

Papillon commun par endroits en mai, juillet et août. Bois secs, clairières ; sur le thym et le serpolet.

L. Argiolus. Environ 32 millimètres. Bleu violet pâle, en dessus les quatre ailes finement bordées de noir, liserées de blanc. Aux supérieures la bordure s'élargit à l'angle apical. Dessous blanc bleuâtre ; aux supérieures une ligne courbe de points noirs ; les inférieures finement pointillées de noir, par places. La femelle, de la même couleur que le mâle, a la bordure noire beaucoup plus large, gagnant la côte aux supérieures et le bord supérieur des ailes inférieures.

Chenille en juin et septembre sur le lierre et la bourdaine.

Assez commun partout en mai et en été.

L. Alsus. 24 millimètres. Petite espèce commune, d'un brun noir en dessus dans les deux sexes, les ailes du mâle saupoudrées de bleu argenté. Dessous gris perle, les quatre ailes finement bordées de noir, avec de petits ocelles noirs cerclés de blanc.

L. Acis ou *Semiargus.* 28 millimètres. Les quatre ailes bleu violet obscur en dessus, bordées finement de noir, liseré de blanc. Dessous gris brun avec une ligne sinueuse d'ocelles noirs, cerclés de blanc, traversant le disque des deux ailes. Femelle brune en dessus.

Commun en mai et juillet dans les clairières des bois humides.

Le *L. Epidolus*, de Turquie, est blanc, liseré de noir avec une tache fauve au disque des ailes inférieures.

L. Cyllarus ; l'*Argus bleu à bandes brunes.* Environ 32 millimètres. Les quatre ailes bleu violet satiné en dessus, finement bordées de noir, liserées de blanc, le bord supérieur des inférieures teinté de noir. En dessous, les supérieures gris perle avec une bande courbe de gros points noirs cerclés de blanc ; les inférieures d'un bleuâtre verdâtre avec le bord gris. — Femelle violette largement bordée de brun noir, souvent brun foncé avec le disque violet.

Assez commun en mai, juin et juillet dans les prairies humides.

Le *L. Melanops*, petite espèce du Midi dont le mâle ressemble en petit à *Cyllarrus;* a sa femelle brun pâle avec le disque violet. — Ici se place le *L. Jolas*, grande et belle espèce du Var, jamais commune. 42 millimètres. Le mâle, bleu violet pâle ; la femelle, du même ton largement bordé de brun et des taches noires au bord des ailes inférieures.

L. Alcon. 55 millimètres. Dessus des ailes d'un bleu violet avec une petite bordure noire. Dessous d'un brun cendré, avec une lunule centrale et une série courbe de points noirs ocellés.

Femelle plus grande, brun noir avec le disque saupoudré de violet, le disque des ailes inférieures portant une série de points noirs.

Clairières des grandes forêts, Chantilly, Compiègne, etc. Juin et juillet.

L. Arion. 42 millimètres. Dessus bleu violet argenté, largement bordé de noir. Des taches noires sur le disque des ailes supérieures. Dessous gris brunâtre clair, chargé d'ocelles aux ailes inférieures, les supérieures ayant de gros points noirs ocellés sur le disque et bordées d'une double rangée d'ocelles.

Rare aux environs de Paris ; Lardy, Fontainebleau, par hasard. Juin et juillet. Plus commun dans l'Est avec l'espèce voisine *L. Euphemus*, beaucoup plus pâle, plus obscure, le noir remplacé par du brun, et des points noirs sur le disque des ailes inférieures formant une ligne.

L. Erebus ou *Arcas*. 55 millimètres. Ailes brun fuligineux, leur disque saupoudré de violet, des points noirâtres y formant une ligne confuse. Femelle brun foncé, ou d'un beau noir uniforme et sans taches.

Est de la France.

Le genre *Cigaritis* nous offre des espèces algériennes. *C. Siphax*, 28 millimètres, d'un fauve doré, bordé et tacheté de noir, peut être considéré comme type de ce genre.

HESPÉRIDES

Les papillons de cette famille forment naturellement un passage entre les *Rhopalocères* et les *Hétérocères* Leur corps robuste, leur tête volumineuse, leurs ailes déjà oblongues, les supérieures triangulaires, leur donnent quelques rapports avec les *Sphingides*, anciens *Crépusculaires* des auteurs. Ils ont au repos une manière toute particulière de disposer leurs ailes : relevant à moitié les supérieures, ils abaissent les inférieures presque parallèlement au plan de position. Les *Hespérides* sont en général de couleurs peu brillantes et toujours de petite taille. Les unes sont brun foncé tacheté de jaunâtre ou uniforme, les autres sont fauves ou brun-verdâtre; les ailes inférieures de certains *Hespériens* portent à leur face inférieure des taches rappelant par leur couleur et leur disposition celles des *Melitæa* (*Steropes*).

Les chenilles sont cylindroïdes, amincies aux deux bouts, celles de nos pays n'étant jamais poilues. La tête est ronde et robuste et s'attache au premier anneau par une sorte de cou. Vivant sur les Malvacées, les Légumineuses, les Graminées et toutes autres plantes basses, elles n'attirent notre attention ni par leurs couleurs brillantes ni par leurs dégâts. Quand elles sont sur le point de se chrysalider, elles enroulent autour d'elles une feuille ou plusieurs assemblées avec des fils de soie; et c'est dans cet abri qu'elles filent un cocon lâche où elles se chan-

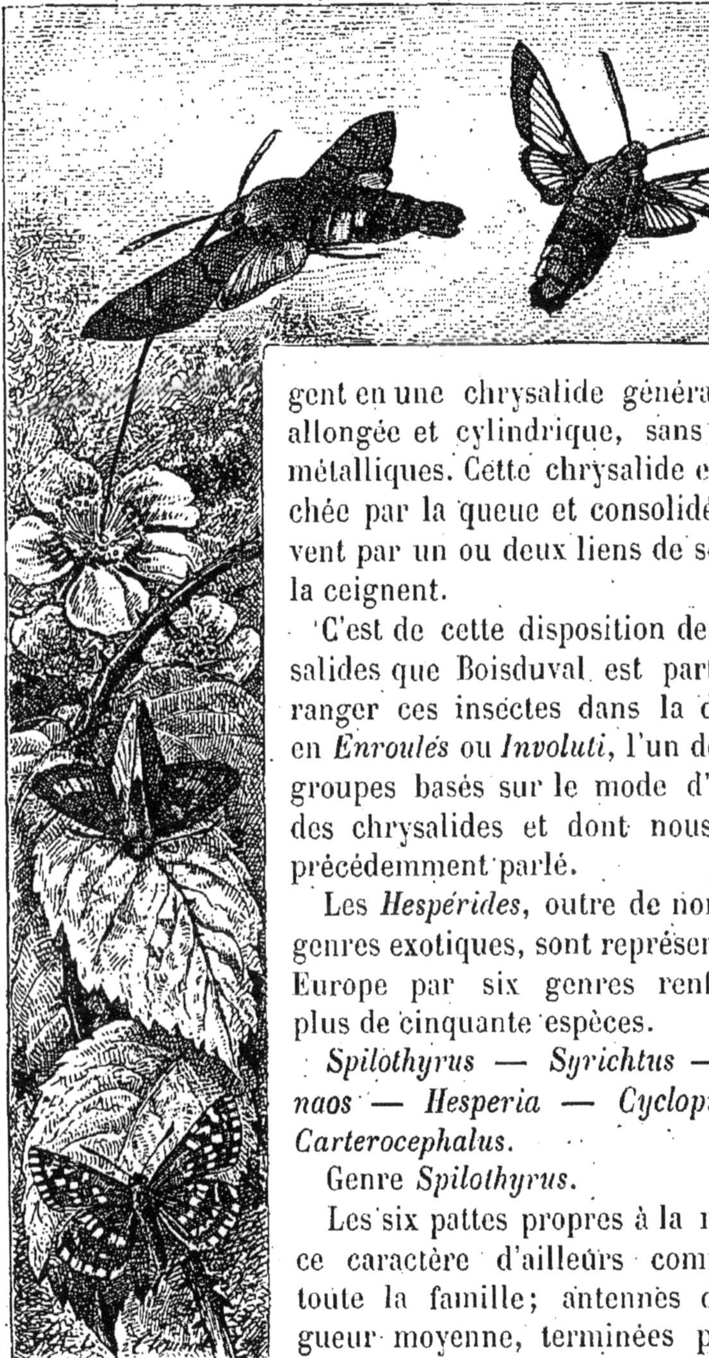

gent en une chrysalide généralement allongée et cylindrique, sans taches métalliques. Cette chrysalide est attachée par la queue et consolidée souvent par un ou deux liens de soie qui la ceignent.

C'est de cette disposition des chrysalides que Boisduval est parti pour ranger ces insectes dans la division en *Enroulés* ou *Involuti*, l'un des trois groupes basés sur le mode d'attache des chrysalides et dont nous avons précédemment parlé.

Les *Hespérides*, outre de nombreux genres exotiques, sont représentées en Europe par six genres renfermant plus de cinquante espèces.

Spilothyrus — *Syrichtus* — *Thanaos* — *Hesperia* — *Cyclopides* — *Carterocephalus*.

Genre *Spilothyrus*.

Les six pattes propres à la marche, ce caractère d'ailleurs commun à toute la famille; antennes de longueur moyenne, terminées par une

Fig. 72. — Macroglossa stellatarum et fuciformis; Hesperia sylvanus; Syrichtus alveolus

massue allongée, piriforme. Palpes velus, écartés; leur dernier article presque nu, court et peu aigu. Thorax robuste, la tête plus étroite. Abdomen long, dépassant le bord des ailes inférieures. Ailes supérieures ayant des taches vitrées; les inférieures dentelées profondément. Le repli que forme la côte de l'aile supérieure a son origine très prononcée.

S. Malvæ. La *Grisette.* Enverg. 29 millimètres. Petit papillon gris brun en dessus. Ailes supérieures légèrement dentées, portant deux bandes brunes et six petites taches vitrées, trois réunies à l'angle apical, et trois autres au bord supérieur du disque. Ailes inférieures très dentées avec des taches grisâtres confuses. Le dessous plus clair, plus uni, les taches des ailes inférieures s'y répétant, mais moins larges. Massue des antennes en crochet à l'extrémité.

La chenille gris foncé, avec deux bandes claires et quatre points jaunes sur le premier anneau, a la tête noire. Elle vit en juin et en septembre sur les mauves, dont elle roule les feuilles en un cornet où elle habite.

Papillon commun partout en mai et juillet.

S. Lavateræ. 32 millimètres. Grande espèce, la plus forte du groupe dans notre pays. Gris pâle lavé de verdâtre, tachetée de jaunâtre, beaucoup plus pâle en dessous. Habite l'est et le sud-est de la France en juin et juillet.

S. Altheæ. 30 millimètres. Très voisine de *Malvæ*, un peu plus grande, de coloration plus foncée, le gris rougeâtre remplacé par du gris verdâtre. La première bande noirâtre de l'aile supérieure est moins coudée, plus arrondie, et les taches vitrées sont plus grandes. Les ailes inférieures beaucoup plus foncées, presque noires, portent trois taches blanchâtres qui manquent chez l'espèce à comparer. En dessous on remarquera aux ailes supérieures, à leur bord interne, près de leur base, un bouquet de poils jaunâtres ou verdâtres. La massue des antennes n'est pas terminée en crochet, mais est obtuse.

Moins commun que le *S. Malvæ ;* rare aux environs de Paris, — Lardy, Sénart ; — plus abondant en Auvergne ou dans la France méridionale.

Genre *Syrichtus.*

Les *Hespériens* de ce genre tiennent leurs quatre ailes étalées dans le repos. Tète presque de la largeur du thorax ; — palpes écartés, velus ; leur dernier article mince, nu et saillant. Antennes terminées par une massue sans crochet, mousse, allongée et arquée en dehors. Thorax robuste, abdomen long, arrivant au bord des ailes inférieures. Les ailes dentelées et frangées de blanchâtre, cette frange interrompue.

Toutes les espèces de ce genre sont très difficiles à reconnaître et à débrouiller, tant à cause de leur livrée semblable que des synonymies confuses de leurs noms spécifiques.

S. Carthami. 32 millimètres. Brun en dessus, la frange blanche largement coupée de brun. Ailes supérieures portant beaucoup de taches blanchâtres plus nombreuses vers le bord apical. Les inférieures en ayant une rangée près du bord inférieur. Dessous blanchâtre, maculé de brun verdâtre.

Commun partout, surtout à Fontainebleau, où les individus sont beaux. — Mai et août.

S. Alveus. 32 millimètres. Ailes d'un brun foncé en dessus. La base des supérieures saupoudrée de jaune verdâtre. Beaucoup de taches blanches sur l'aile supérieure. Aile inférieure avec deux séries de taches jaunâtres plus ou moins bien marquées, souvent confuses, fondues dans le fond. Le dessous des ailes supérieures est brun clair avec une tache annulaire et des points blancs répétant les taches du dessus ; la base et la côte sont grisâtres. Les inférieures sont jaune verdâtre avec trois bandes de taches blanches. La femelle est plus claire.

Environs de Paris; peu commun, Lardy, Sénart, Fontainebleau. Mai et juillet.

S. *Alveolus;* le *Plain-chant.* 29 millimètres. Brun grisâtre en dessus, souvent brun foncé, les quatre ailes munies d'un frange blanche coupée de noir. Nombreuses taches blanches sur l'aile supérieure pouvant se diviser en quatre lignes, inférieures portant une large tache plus ou moins divisée formant bande sur le disque. Dessous brun clair tacheté de blanc.

La chenille jaunâtre ou verte, avec une ligne plus claire le long des flancs, vit sur le fraisier des bois.

Papillon commun en mai. La variété *Lavateræ* ou *Taras,* beaucoup plus rare, a les taches jaunâtres de l'aile supérieure fondues en une seule, formant une large maculature.

S. *Sao.* 25 millimètres. Brun foncé en dessus avec la frange blanche coupée de noir. Ailes supérieures tachetées de jaunâtre, une tache semblable sur le disque des inférieures. Dessous des ailes supérieures blanchâtre, tacheté largement de brun clair; les ailes inférieures rougeâtres, largement marquées de blanchâtre.

Le S. *Therapne,* fauve, bordé et taché de brun, est de Corse et d'Espagne.

Les *Thanaos* sont représentés en France par une espèce commune partout en avril, mai et juin, et dont la chenille se rencontre au printemps et à l'automne sur le lotier et le chardon Roland.

C'est un petit papillon de 24 mill. d'enverg., aux formes robustes, à la massue des antennes forte. Il est brun fuligineux, avec des bandes diffuses gris jaunâtre formant sur les deux ailes des bandes diffuses; le dessous est plus clair (*T. Tages*).

Les *Hesperia* ont la tête plus large que le thorax. Les antennes, courtes, se terminent par une massue droite, ovoïde, finissant souvent par un crochet tourné en dehors. L'abdomen massif est plus long que les ailes inférieures.

H. Linea; le *Bande noire*.

La chenille, d'un vert glauque avec des lignes longitudinales plus claires, à grosse tête verte, à cou étranglé vit en juin sur les graminées.

Papillon commun partout en été.

H. Lineola. Très voisine de la *Linea*, de la même taille. Elle en diffère par la frange plus blanchâtre, par les ailes supérieures plus larges et plus arrondies à l'extrémité. La ligne oblique que l'on remarque chez le mâle est ici très étroite, parfois même manque complètement; l'extrémité des nervures est noirâtre et légèrement dilatée. Dessous des supérieures d'un fauve uniforme, tandis que chez *Linea* leur sommet est gris jaunâtre. Le dessous des ailes inférieures est d'un jaune blanchâtre dans le mâle, d'un gris blanchâtre dans la femelle avec le bord interne plus clair. Massue des antennes noire en dessous.

Mêmes localités que l'espèce précédente.

H. Actæon. Les quatre ailes brun doré en dessus, avec une fine bordure noire. Chez le mâle, un trait noir entouré d'une large tache fauve aux ailes supérieures. Dessous plus clair. Enverg. 25 millimètres.

Espèce peu commune; rare aux environs de Paris. Se prend en juillet et août sur les coteaux arides, à Lardy, Poquency, aussi à Fontainebleau.

H. Sylvanus. 30 millimètres. Les quatre ailes fauve brillant en dessous, largement bordées de brun obscur. Chez le mâle, un trait noir oblique sur le disque de l'aile supérieure. Dessous des ailes inférieures jaune verdâtre avec des taches plus claires diffuses chez le mâle, mieux marquées chez la femelle.

Commune partout pendant la belle saison.

H. Comma. 28 millimètres. Beaucoup plus claire que la précédente, la bordure des ailes supérieures portant à l'angle apical des taches jaunes. Le trait noir du disque est divisé par une ligne plombée brillante. Les ailes inférieures, verdâtres en dessous, portent deux rangées de taches blanchâtres bordées de noir en dehors. Les quatre ailes sont frangées de blanc jaunâtre. Les antennes ont leur massue terminée par un crochet.

Moins commune que la précédente ; se trouve en août.

Les *Carterocephalus* sont représentés aux environs de Paris par une espèce que l'on trouve en mai dans les bois. C'est le *C. Paniscus*, l'*Échiquier*.

Enverg. 28 mill. Brun foncé en dessus, fortement taché de jaune ; jaunâtre en dessous, avec des taches brunes aux ailes supérieures et aux inférieures des miroirs comme chez les *Melitæa*. Lardy, Vincennes, Sénart, Armainvilliers, Fontainebleau.

Le genre *Steropes* se reconnaît à ses formes plus grêles, à son abdomen très long, dépassant les ailes inférieures. Les ailes sont plus grandes que dans tous les autres *Hespériens*. Les antennes, courtes, sont terminées par une massue droite, ovoïde et sans crochet.

Le genre *Steropes* ou *Cyclopides* est représenté en Europe par deux espèces, dont l'une habite la France.

S. Aracynthus; le *Miroir*. Envergure 30 millimètres. Brun foncé fuligineux en dessus avec quelques petites taches jaunâtres au sommet de l'aile. Les quatre ailes garnies d'une frange jaunâtre interrompue de noir. En dessous, les ailes supérieures brun fuligineux avec le sommet jaunâtre; les ailes inférieures sont couvertes de larges taches jaunâtres ovales, rappelant les taches en miroir des *Melitæa*.

Peu commune : fin juin et commencement de juillet, dans les forêts de Sénart, Chantilly, etc.

une trompe très développée, en général de la longueur du corps.

Le genre *Sphinx* renferme de nombreuses espèces, trois ou quatre d'entre elles habitent l'Europe.

S. Convolvuli; le Sphinx à cornes de bœuf, ou *du liseron*. 100 à 110 millimètres d'envergure. La trompe mesure jusqu'à 70 millimètres. Gris cendré, l'abdomen alternativement rayé de rose et de noir. Ailes supérieures gris cendré, marbrées de brun chez le mâle, sans taches chez la femelle; les inférieures grises avec trois bandes noires. Sur l'abdomen court une bande longitudinale grise divisée par une ligne noire.

Chenille verte ou brune, sept chevrons noirs, appuyés de blanc, sur chaque flanc. Vit en automne sur les liserons des champs et des jardins. Chrysalide brune, avec la trompe dégagée.

Le papillon n'est pas rare dans les jardins, au mois de septembre; il recherche le soir les pétunias, les belles-de-nuit.

S. *Ligustri; Sphinx du troène*, 100 à 110 millimètres d'envergure.

La chenille, verte avec sept chevrons violets et blancs sur chaque flanc, a la corne noire en dessus, jaune en dessous. Vit sur le troène, le lilas, le sureau.

Le papillon parait en juin et n'est pas rare.

S. Pinastri; Sphinx du pin, 75 millimètres d'envergure.

Moins grand que les précédents; gris et noir, avec une bande longitudinale noire sur l'abdomen. Les ailes grises. — La chenille, verte avec trois lignes jaunes de chaque côté, vit sur les pins de toute espèce; au pied desquels on trouve la chrysalide enterrée. — Toute la France.

Le genre *Deilephila*, qui ne diffère que peu des *Sphinx*, est composé de nombreuses espèces dont vingt-quatre habitent l'Europe. Ce sont de beaux papillons, de coloration souvent vive, toujours délicate et harmonieusement nuancée.

D. Euphorbiæ; Sphinx du Tithymale. 70 millimètres d'envergure.

Thorax vert foncé, passant au brun, de même que l'abdomen portant de chaque côté cinq bandes transversales blanches, les deux premières bordées antérieurement de noir. Les ailes supérieures gris rougeâtre, portant trois taches arrondies et une bande sinueuse vert olive ; les inférieures rouge rosé avec deux bandes noires et une tache blanche contre le bord extérieur. Les ailes sont rouges en dessous, les supérieures portant un gros point noir. Varie beaucoup pour la coloration.

Chenille ayant la tête rouge foncé, le corps noir luisant pointillé de jaune, avec deux rangées longitudinales de taches jaunes blanches, quelquefois rougeâtres, de chaque côté. Sur le dos, une ligne longitudinale rouge, une semblable sur chaque flanc le long des pattes. Vit sur diverses Euphorbes.

Papillon en mai et juin, puis en septembre. Butine sur les fleurs des jardins.

D. Nicæa. 100 millimètres d'envergure.

Rare espèce du Midi, ressemble avec une coloration plus vive à l'espèce précédente. La chenille est très différente de celle de l'*Euphorbiæ*.

D. Galii ; Sphinx de la garance. 68 millimètres d'envergure. — Ressemble au *D. Euphorbiæ*. Thorax et abdomen vert olive; sur ce dernier une série de points blancs. Ailes supérieures vert olive foncé, le bord d'un vert cendré luisant avec une bande blanchâtre sinueuse. Ailes inférieures roses avec deux bandes noires ; au bord interne, une tache blanche faisant suite à une rouge brique.

Chenille vert bronzé avec une raie jaune sur le dos, et une rangée, sur chaque flanc, de taches jaunes bordées de noir. La tête et l'anus rouge obscur, la corne verdâtre ou rose.

Le papillon paraît en juin. Cette espèce devient de plus en plus rare et tend à disparaître depuis que l'on cesse de cultiver la garance sur laquelle vit sa chenille. On la trouve aussi sur le caille-lait, les épilobes et les escalonies. — En Corse et en Sardaigne on trouve le *D. Dahlii*, qui paraît remplacer le *S. Euphorbiæ*, et dans le midi de la France, le *D. Livornica*, qui paraît accidentellement jusqu'à Paris.

D. Hippophaes. 72 millimètres d'envergure.

Ailes supérieures grises avec une bande oblique vert olive; inférieures roses avec deux bandes noires et une tache blanche près du bord interne. — France méridionale, Allemagne.

D. Vespertilio. 68 millimètres d'envergure.

Ailes supérieures d'un gris cendré bleuâtre, avec deux lignes obscures transversales ; ailes inférieures rouge pâle avec la base et le bord postérieur noirs. Corps gris, les trois premiers anneaux de l'abdomen noirs sur les côtés et bordés de blanc.

La chenille n'a pas de corne, vit sur l'épilobe. Montagnes du midi de la France.

D. Nerii; *Sphinx du laurier-rose.* — Belle et grande espèce : 102 millimètres d'envergure.

Les ailes marbrées de rose de vert velouté et de blanc, les inférieures noires, puis brun verdâtre, une ligne blanche séparant ces deux teintes. Abdomen vert avec les trois premiers anneaux bordés de blanc, les autres portant des bandes olivâtres obliques.

La chenille, verte avec la tête et les premiers anneaux vert tendre, porte sur le troisième segment dilaté deux taches d'un beau bleu d'azur, formant ocelle à pupille blanche, et cerclées de noir. Une étroite bande blanche court le long des flancs, excepté sur les premier et quatrième anneaux. Vit sur le laurier-rose et parfois sur la pervenche.

Le papillon, commun aux Indes, paraît en juin et en

septembre dans tout le midi de la France et remonte parfois jusqu'à Paris.

D. Celerio; le *Phénix*. Commun en Afrique, ce Sphinx fréquente certains points du midi de la France ; des formes très voisines habitent aux Indes et en Europe. *D. Osyris, Alecto, Boisduvalii.*

D. Elpenor; le *Sphinx de la vigne.* 65 millimètres d'envergure. Rose et vert, avec les ailes pourpres et roses de vert olive clair, les inférieures roses avec la base noire et la frange blanche. — Chenille noirâtre, verte au jeune âge, avec deux grandes noires rondes sur les premier et cinquième anneaux. Elle ne s'enterre pas, mais se chrysalide dans une coque grossière de débris et de feuilles sèches agglomérées et retenues

Fig. 74. — Zygena filipendulæ, chenille et coque; Smerinthus populi.

par quelques fils de soie. Elle vit sur les épilobes, les galium, les fuchsias, etc.

Le papillon n'est pas rare en juin et en septembre sur les fleurs des jardins.

D. Porcellus ; le *Petit-Pourceau*, plus petit que l'espèce précédente (55 millimètres) ; rose avec les ailes supérieures d'un jaune olivâtre avec la côte, la bordure et une bande transversale roses. Les ailes inférieures dentelées, noirâtres antérieurement, jaune olivâtre au milieu, ont la bordure rose et la frange mêlée de blanc.

La chenille, ressemblant à celle d'*Elpenor*, mais plus petite, vit sur le *Galium verum* et l'*Epilobium angustifolium*. Elle se chrysalide comme la précédente.

Le papillon, peu commun, vole rapidement en juin et en septembre.

Le genre *Smerinthus* se distingue par une trompe courte et presque nulle. Les ailes supérieures sont plus sinueuses que celles des *Sphinx*, elles sont souvent dentelées. La tête, petite, se retire sous le thorax et porte des antennes non droites et rigides comme chez les *Sphinx*, mais flexueuses et dentelées en soie sur leur face interne.

Ce genre offre une douzaine d'espèces européennes, parmi lesquelles quatre sont françaises.

Smerinthus populi ; Sphinx du peuplier ou *S. à ailes dentelées*. Envergure 75 millimètres (fig. 70).

Gris brun, variant au roussâtre et au lilas pouvant même passer au rouge clair. Chenille sur les peupliers, les trembles, sur les saules et les bouleaux, s'enterre au pied des arbres pour se chrysalider. Chrysalide noire, terne, terminée par une pointe aiguë.

Papillon commun en mai et juin, puis août et septembre. En plein jour sur le tronc des arbres ou volant lourdement au coucher du soleil.

S. Tiliæ ; Sphinx du Tilleul. Ailes supérieures gris rose ou rosâtre fauve, parfois rouge brique avec l'extrémité olivâtre lisérée de ferrugineux, au milieu deux taches olivâtres ou brun roux pouvant se réduire à une ou même manquer. Ailes inférieures rousses traversées par une bande noire. Corps gris rougeâtre.

Chenille sur les tilleuls, en août et septembre.

Papillon commun en juin, mais abondant en septembre.

S. Ocellatus; le *S. demi-paon*. Enverguro 80 millimètres. Ailes supérieures gris violet ou rougeâtre avec des lignes et des taches brunes; ailes inférieures rouge carmin avec l'extrémité brunâtre, marquées au milieu d'un œil bleu, à prunelle et iris noir et rejoignant le bord interne par un trait noir. Le corps grisâtre avec le thorax marqué d'une tache brune formant un T. En juin et septembre.

Chenille verte pointillée de blanc, sept chevrons blancs sur chaque flanc; vit sur les saules et les osiers.

La chenille du rare *S. quercûs* vit sur le chêne. Le *S. quercûs* habite l'est et le midi de la France, il est très rare à Paris.

Le genre *Pterogon*, représenté en Europe par deux espèces, se compose de petits *Sphinx* remarquables tant par leur faible taille que par les découpures de leurs ailes.

P. Œnotheræ; le *Sphinx de l'épilobe*. Thorax gris verdâtre avec les ptérygodes plus foncés. Ailes supérieures d'un blanc grisâtre, olivâtres à l'extrémité, traversées en leur milieu par une large bande courbe, vert olive, élargie à la côté, où l'on remarque un ocelle noir cerclé de blanc. Ailes inférieures jaune d'ocre avec la bordure noire et la frange blanche.

Chenille verte, mouchetée de noirâtre, avec le dos brun, les côtés et le ventre blanchâtres, un chevron noir sur les côtés de chaque anneau, sur le onzième anneau une plaque noire cerclée de rouge. Chrysalide brun rouge, terminée par une pointe aiguë. Chenille sur les épilobes près des étangs.

Papillon en juin dans les clairières des bois, rare à Paris; plus fréquent dans le Midi.

La seconde espèce, de la Caspienne, est d'un tiers plus petite que la précédente (*P. Gorgon*).

Une dernière division des *Sphinx* est constituée par les *Macroglosses*, ainsi nommés de la taille démesurée de leur trompe, qui atteint la longueur du corps. Ce sont de petits Sphinx dont l'abdomen court se termine souvent par une queue étalée formée d'un bouquet de poils. Leurs ailes sont quelquefois transparentes. Les *Macroglosses* volent en plein jour, par la plus grande ardeur du soleil, butinant sur les fleurs.

Macroglossa stellatarum, Sphinx du caille-lait, *Moro Sphinx*. Envergure 45 millimètres. Corps brun cendré, abdomen présentant sur chaque flanc une tache jaune et noire. Ailes supérieures brun cendré avec des lignes transversales ondulées et obscures. Ailes inférieures d'un fauve roux, obscures à la base, le bord extérieur ferrugineux.

Chenille verte avec huit rangées transversales de points blancs et quatre raies longitudinales blanches. Vit sur les caille-lait, sur les Rubiacées; se métamorphose dans une coque formée de débris végétaux réunis avec de la soie. Chrysalide brun clair, la tête recouverte d'une sorte de capuchon.

Le *Moro Sphinx* est très commun pendant toute la belle saison, dans les champs, les jardins.

Les espèces suivantes ont les ailes vitrées:

M. Fuciformis. 40 millimètres d'envergure. Chenille verte avec une bande et la corne ferrugineuses; en juillet sur les chèvrefeuilles.

Papillon en avril, mai, juin.

M. Bombyliformis. 40 millimètres d'envergure.

Chenille verte avec des chevrons pourprés; sur les scabieuses.

Moins commun que l'espèce précédente.

La famille des *Sésiides* se place assez naturellement à la suite des Sphinx, dont les *Sésies* rappellent les formes. Ce sont des papillons ressemblant à des *guêpes*, des *mutilles*, ou rappelant par leurs formes les *cousins* ou toute autre mouche. Leurs ailes sont presque toujours transparentes et leur corps allongé est rayé de diverses couleurs.

Les chenilles des Sésies vivent à l'intérieur des arbres ou d'autres plantes, renfermées dans les troncs ou les tiges, et y creusent de longues galeries sinueuses, parfois presque dans les racines. Elles se chrysalident dans cet abri en se rapprochant de la surface extérieure de la plante qui les a nourries. Elles passent la mauvaise saison dans une tente soyeuse. Ces chenilles sont pâles, livides, parfois rougeâtres, et n'ont que peu de poils. Les chrysalides sont arrondies, allongées, avec les fourreaux des ailes allongés ; les segments de l'abdomen sont épineux.

Les *Sésies* volent en général au milieu du jour, et tournoient autour des troncs d'arbres avec rapidité, ou se repaîssent du nectar des fle rs. D'autres espèces restent immobiles sur les plantes sans jamais voler ni prendre de nourriture.

Une première division du genre *Sesia*, le sous-genre *Trochilium*, a pour espèce type :

S. Apiformis ; la *Sésie apiforme*, le *Craboniforme* et *Sériciforme* d'Engramelle : 30 à 45 millimètres. Les ailes, transparentes, sont bordées de brun. Le thorax jaune en dessus avec une large croix noire, l'abdomen noir largement cerclé de jaune. Les femelles sont plus grandes que les mâles.

On trouve le papillon en juillet à la base du tronc des peupliers et des trembles ; cette espèce est souvent nuisible dans les pépinières, où sa chenille fait de grands dégâts dans les jeunes arbres.

Le sous-genre *Sciapteron*, renfermant des espèces plus petites, est la seconde division du genre *Sesia*.

S. Asiliformis; l'Asiliforme. 21 à 31 millimètres. Noir; abdomen avec trois bandes étroites jaunes. Ailes supérieures chargées d'écailles brunes qui les rendent opaques, ailes inférieures diaphanes. L'abdomen du mâle porte cinq anneaux jaunes. Peu commune.

Les *Sesia* proprement dites, de taille encore moindre en général, sont représentées par de nombreuses espèces, parmi lesquelles nous citerons :

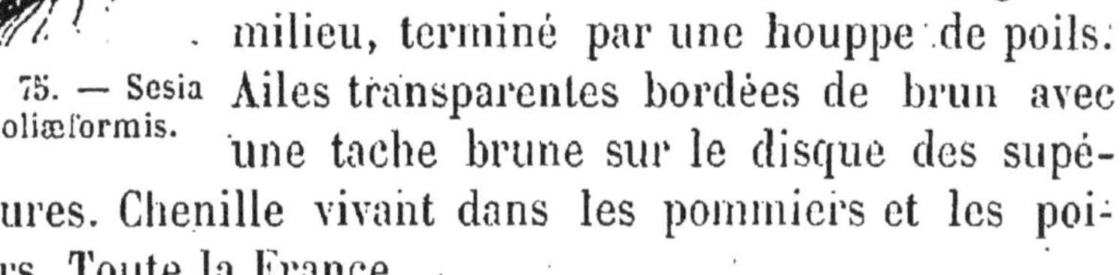

Fig. 75. — Sesia Scoliæformis.

S. Mutillæformis. 18 à 22 millimètres. Abdomen noir avec une bande rouge au milieu, terminé par une houppe de poils. Ailes transparentes bordées de brun avec une tache brune sur le disque des supérieures. Chenille vivant dans les pommiers et les poiriers. Toute la France.

S. Culiciformis. 22 à 28 millimètres. Plus grande que la précédente, avec du rouge à la base des ailes, et une tache rouge sur chaque côté du thorax. Chenille dans le bouleau et l'aune. Pas rare aux environs de Paris.

S. Chrysidiformis. 18 à 20 millimètres. Jolie espèce dont les ailes supérieures sont couvertes d'écailles rouge brique, avec un trait noir sur le disque; les ailes inférieures sont vitrées, les quatre bordées de brun. Thorax noir bleu luisant, abdomen de même couleur avec les derniers segments bordés de blanc en dessus; le milieu de la brosse noire qui termine l'abdomen est en dessus d'un rouge fauve. La chenille vit dans les racines de l'*Artemisia campestris* et du *Rumex crispus*.

Le papillon n'est pas rare en juin et juillet sur les fleurs de lavande ou de carotte sauvage.

La petite famille des *Hétérogynides* est composée de petits papillons bruns, ressemblant à des *Psyche*, et dont les femelles dépourvues d'ailes gardent une apparence de chenille. Cette femelle vit dans un cocon qu'elle ne quitte jamais, dans lequel elle pond, et son corps desséché sert de première nourriture à ses petits. *Heterogynis penella*, habite les Pyrénées, les Alpes, l'Auvergne. Il existe d'autres espèces d'Espagne.

Les *Thyrides*, que l'on peut placer immédiatement après les *Sésies*, sont de petits papillons, vrais *Sphinx* en diminutif, avec les ailes à moitié vitrées.

On prend quelquefois aux environs de Paris, notamment en juin et juillet, le *Thyris fenestrina* ou le *Pygmée*. 17 millimètres d'envergure. Le corps est brun, l'abdomen très conique se termine en une longue pointe. Les quatre ailes brunes sont marquées de larges taches diaphanes, dont une occupe tout le disque des ailes inférieures.

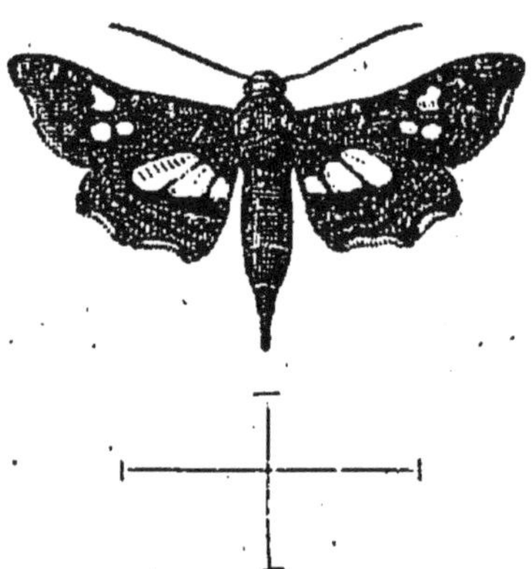

Fig. 76 — Thyris fenestrina.

La famille des *Zygénides*, où *Sphinx à cornes de bélier* des anciens auteurs, contient des papillons en général de couleurs assez vives; leurs longues antennes renflées à l'extrémité, pectinées surtout dans les mâles, sont plus ou moins contournées. Les ailes un peu plus développées que chez les *Sesia*, restent longues et assez étroites, surtout dans les *Zygæna*.

Ces papillons volent lourdement en plein jour, et leur vol en ligne droite rappelle celui des Coléoptères. On les voit souvent se poser à l'extrémité de longues herbes où ils semblent prendre plaisir à se balancer.

Les chenilles courtes, pubescentes, vivent sur toutes sortes de plantes, d'arbrisseaux et d'arbres et se filent des cocons affectant surtout chez les *Zygènes* la forme naviculaire.

Les *Aglaope* sont petites et ressemblent à des mâles de *Psyche*. *A. infausta*. Les ailes sont noirâtres, assez transparentes, avec la base des inférieures rouge carmin pâle. Du midi de la France, se prend aussi dans le centre.

Les *Procris* se reconnaissent en général à leurs ailes supérieures vertes ou bleuâtres, les inférieures restant grises. Leur corps est volumineux, et sans être aussi long que celui des *Zygènes*, dépasse de beaucoup le bord des ailes inférieures. Les antennes, presque aussi longues que le corps, épaissies à l'extrémité ou terminées par une pointe, sont doublement pectinées en dessous chez le mâle, légèrement dentelées chez la femelle.

P. Statices; la Turquoise. 25 millimètres. Entièrement vert doré, les ailes inférieures grises, les antennes moitié vertes, moitié noir bronzé. Commune en été dans les endroits arides.

P. Globulariæ. 26 à 30 millimètres. Plus grande que la précédente, le vert doré remplacé par du bleuâtre. plus grêle; les antennes beaucoup plus minces. Moins commune.

P. Pruni; le *Sphinx du prunellier.* 20 à 22 millimètres. Entièrement d'un noir de suie, les ailes un peu transparentes, dessus du thorax vert-bleu obscur.

Peu commune aux environs de Paris, plus abondante dans le Midi. On rencontre encore, dans la France méridionale, l'Italie, surtout en Piémont et en Toscane, la *P. ampelophaga*, dont la chenille, à certaines époques, est très nuisible à la vigne.

Genre *Zygæna.* Papillons à corps en général bleu, à ailes bleues et rouges; à fortes antennes épaisses mais *jamais pectinées*, renflées en massue et contournées à leur extrémité en *cornes de bélier.* L'abdomen volumineux, cylindrique, dépasse des deux tiers de sa longueur le bord des ailes inférieures.

Z. Achilleæ; le *Sphinx de l'achillière.* 32 millimètres. Corps et antennes d'un bleu noir foncé, le collier du thorax gris. Ailes supérieures noir de suie, un peu diaphanes, avec la base rouge et deux taches de même couleur, une arrondie sur le disque, une plus large semi-triangulaire près du sommet. Ailes inférieures rouge carmin passé, liserées de noir. En mai et en juillet dans les terrains calcaires.

La chenille vert pomme, avec deux rangées de points noirs, vit en avril et en juin sur les trèfles, le lotier, etc.

Les montagnes du midi nous fournissent les espèces *exulans*, *Minos*, *Erythrus*, etc.

Z. filipendulæ; le *Sphinx de la filipendule*. 32 à 36 millimètres. (Voir fig. 69).

Z. trifolii; Sphinx des prés. Même taille. Quatre taches rouges aux ailes supérieures, la bordure des inférieures bleue, sinueuse et large. Le cocon jaune a sa partie inférieure blanchâtre. Moins commune que la précédente.

Z. lonicerœ; Sphinx des graminées. Même taille. Quatre taches aux ailes supérieures, la bordure des ailes inférieures large et sinuée. Difficile à distinguer de la précédente, les ailes supérieures plus noires. Mais les chenilles de ces deux espèces sont différentes.

La chenille de *lonicerœ* est vert terne, à taches noires interrompues par les incisions des anneaux, et ayant un point jaune entre chacune d'elles. Le cocon est d'un jaune pâle.

Celle de *trifolii* est vert jaunâtre avec quatre lignes sur le dos et une sur le ventre, formées de points noirs.

Z. hippocrepidis. Même taille et même aspect que *filipendulœ*; les taches rouges de l'aile supérieure plus nettement marquées, moins diffuses. Bordure des ailes inférieures un peu plus large. *Extrémité des antennes blanche.*

Chenille vert jaunâtre avec une bande jaune surmontée de taches noires divisées, tête et pattes écailleuses noires; une ligne noire court parfois le long des flancs. Cocon jaune allongé en fuseau. Sur l'astragale, le lotier, l'hippocrepis.

Papillon commun à Lardy en juillet.

Z. peucedani. Se reconnaît facilement des précédentes par l'anneau rouge qui coupe les avant-derniers segments de l'abdomen. Rare aux environs de Paris, plus abondante à Lardy.

Dans les espèces suivantes le rouge est la couleur dominante, le bleu n'apparaissant plus que comme taches sur les ailes supérieures.

Z. Onobrychis; Sphinx de l'esparcette. 28 à 30 millimètres. Corps bleu noir, collier et ptérygodes gris; un anneau rouge sur l'abdomen. Ailes supérieures bleues avec de larges taches diffuses rouge, cerclées de jaunâtre. Les inférieures rouges, bordées de noir bleu.

Juillet et août; vit comme *peucedani* sur les coteaux arides.

Z. Fausta; Sphinx de la bruyère. 25 à 28 millimètres. Corps noir bleu; thorax rayé de gris en dessus; abdomen cerclé de rouge près de son extrémité. Ailes supérieures rouge jaunâtre, avec une bordure et des taches bleues, ces taches bordées de jaunâtre. Ailes inférieures rouges bordées de bleu foncé. Le cou de ces deux espèces n'est pas carminé, mais se rapproche du vermillon.

Fig. 77. — Zygæna fausta.

Environs de Paris, Lardy, Mantes.

Une belle espèce du midi de la France, de Bordeaux, est la *Z. Lavandulæ*, d'un bleu vert foncé métallique taché de rouge carmin

Les *Syntomis* sont de belles Zygénides, élégantes de forme, noires tachetées de blanc, avec un anneau jaune sur l'abdomen vert foncé.

S. Phegea; Sphinx du pissenlit. 40 millimètres. Corps vert doré foncé. Premier et cinquième anneaux de l'abdomen jaunes. Extrémité des antennes blanche. Les quatre ailes noires à reflets violets, les supérieures ayant six taches blanches, les inférieures deux. Midi de la France, plus commun en Italie et en Sicile.

En Nouvelle-Guinée, au Havre de Dorey, je me rappelle avoir trouvé, il y a une dizaine d'années, la *Cocytia Urvillei*, beau papillon se rapprochant des *Syntomides*. De même, en Malaisie, j'ai souvent capturé des *Glaucopides*, petits *Sphingiens* aux brillantes couleurs, voltigeant comme les *Cocytia* en plein jour sur les fleurs ou le long des arbres.

Aux *Zygénides* se rattachent les *Naclia*, qui par leurs formes générales forment passage entre cette famille et celle des *Lithosides*, la première des *Hétérocères* nocturnes proprement dits.

Les *Naclia* sont de petits papillons ayant la forme des *Zygènes*, mais leurs longues antennes sont grêles et simples dans les deux sexes. Leur couleur fauve pâle, leur vol incertain, leur donnent, quand on les observe vivants, une vague ressemblance avec les Névroptères du genre *Phrygane*. Les *Naclia* volent en plein jour au milieu des herbes et des buissons, dans les endroits secs et arides.

Leurs chenilles, qui hivernent, se métamorphosent dans un cocon.

N. ancilla ; la *Servante*. 25 à 27 millimètres. Thorax gris, abdomen jaune. Ailes brun grisâtre, les supérieures avec deux taches blanches près de leur sommet, les inférieures avec le disque jaunâtre chez la femelle, entièrement grises chez le mâle.

La chenille brune, tachée de jaune formant des bandes le long du dos ; sur les graminées, les lichens.

N. punctata ; la *Ménagère*. Plus petite. Ailes supérieures plus foncées, à quatre ou cinq taches blanches, dont deux ou trois formant bande sur le disque. Ailes inférieures jaunes, bordées extérieurement d'une large teinte gris foncé.

Ne paraît pas se trouver à Paris. France centrale et méridionale.

CHAPITRE VIII

Les Hétérocères. — Les Bombycides. — Les Séricigènes. — Les Notodontes.

Sous la rubrique générale de *Bombycides* nous réunissons tous les Hétérocères venant se grouper entre les deux grandes divisions des *Sphinx* et des *Noctuelles*. Ce groupe est loin d'être homogène, et il se trouve composé d'un grand nombre de familles très diverses.

Le premier groupe de cette grande famille, celui des *Lithosides*, comprend des papillons de teintes grises ou jaunâtres, parfois plus claires, piquetés ou rayés de noir, et dont la taille, sans être petite, ne dépasse pas la moyenne. Leur corps est grêle et allongé; les antennes, pectinées dans les mâles, sont souvent simples dans les deux sexes ;elles sont toujours longues et peu robustes. Les ailes inférieures, plissées en éventail, se laissent recouvrir au repos par les ailes supérieures, qui sont tantôt disposées en toit, tantôt croisées l'une sur l'autre. Ces dernières sont toujours plus étroites que les inférieures. L'apparence de ces papillons leur donne une certaine ressemblance avec des *Phryganes*.

Beaucoup d'entre les *Lithosides* volent en plein jour. Leurs chenilles vivent de lichens le long des pierres, des rochers, des vieux murs, et mangent surtout la nuit; elles filent un cocon de soie lâche entremêlée de leurs poils, et s'y changent en une chrysalide à contours arrondis, plus ou moins recourbée.

De nombreuses espèces, réparties dans plusieurs genres, représentent cette famille dans notre pays.

Genre *Nudaria*. Ce sont de petites *Lithosides* brun clair ou gris transparent, délicates, pellucides. *N. murina*, et *mundana*. Les *Nola* sont encore plus petites, grisâtres (*N. strigula*). On rencontre ces petits papillons en été, appliqués le long des vieux murs ou des troncs d'arbres couverts de lichens.

Genre *Lithosia*. Ailes supérieures très étroites, les inférieures très amples, repliées en éventail dans le repos. Taille moyenne.

L. complana, le *manteau à tête jaune*. 33 millimètres. Ailes supérieures gris satiné avec la côte jaune, ailes inférieures jaune pâle, corps gris. Commune en juin, juillet et août.

L. caniola. Même taille, entièrement d'un blanc gris satiné. *L. aureola*. D'un beau jaune, parfois fauve ardent. *L. quadra*, grande et belle espèce de 40 millimètres d'env. Les ailes supérieures grises avec la base jaune et l'origine de la côte noire, ailes inférieures jaune paille. La femelle, entièrement jaune, a deux taches noires sur les ailes supérieures. La chenille jaune, noire sur les flancs, avec des verrues noir et orange, vit en mai et juin sur les lichens des chênes.

Le papillon se trouve en été dans nos bois.

L. rubricollis, autre grande espèce, 34 millimètres d'envergure, d'un noir brun avec le collier et l'extrémité de l'abdomen orange.

Grandes forêts. Armainvilliers.

Les *Calligenia* sont représentés en France par une seule espèce d'un rouge brique clair, avec le disque des ailes rosâtre et une ligne en zigzag noire sur l'aile supérieure. *C. rosea* ou la *Rosette*, de 28 millimètres d'envergure. En juin, à la lisière des bois. Les *Setina*, dont nous avons eu occasion de parler à propos de la production des sons, sont de petites *Lithosides* aux ailes jaunes piquetées de noir, au corps presque toujours noir. Elles habitent plutôt les montagnes. *Setina aurita*, dont le mâle est un « papillon timbalier ». Aux environs de Paris se rencontre une espèce, *S. Mesomella*, l'*Éborine*, 30 millimètres. Gris jaunâtre, satiné en dessus ; les ailes inférieures plus grises, les quatre ailes cernées de jaune. Corps noir. Deux points noirs sur l'aile supérieure très espacés, l'un à côté, l'autre au bord inférieur.

Les *Arctiides* ou *Chélonides* sont très voisines des *Lithosides*. Leurs ailes supérieures, ornées de dessins variés, sont en général de coloration brillante, mais plus sombre que celle des ailes inférieures, qui sont presque toujours jaunes, roses ou d'un beau rouge, plus ou moins tachées de noir. Les premiers papillons de ce groupe ressemblent beaucoup aux *Lithosides*. Telles sont les *Emydia*, dont une espèce se trouve dans nos environs, et se plaît surtout sur les coteaux arides, calcaires ou sablonneux, à Lardy, Champigny, etc. *E. grammica ;* l'*Écaille chouette*, 35 millim. Ailes supérieures étroites et longues, jaunâtres avec de nombreuses lignes longitudinales noires, sans lignes chez la femelle. Ailes inférieures jaunes, largement bordées de noir, la bordure émettant une tache noire près du bord supérieur. Chenille noire, avec une ligne rouge le long du dos et le ventre gris.

E. cribrum, même taille ; ailes supérieures blanc satiné avec des points noirs ; ailes inférieures grises, bordées de blanc ; dans la variété *candida*, l'aile supérieure ne porte que deux points noirs. Toute la France.

La *Deiopeia pulchella*. Jolie espèce du midi de la France, remonte parfois jusqu'à Paris. 45 millimètres d'envergure. Ailes supérieures jaunâtres, chargées de points noirs et rouges, ailes inférieures blanches avec une large bordure noire irrégulière, profondément échancrée au milieu et lisérées de blanc.

Les *Arctiides* suivantes, plus robustes de forme, sont enveloppées sous le nom général d'*Écailles*, à cause des bigarrures de leurs ailes supérieures. Les ailes sont plus larges, plus arrondies, l'ensemble des formes moins grêles. Le ventre, souvent très richement coloré, dépasse un peu les ailes inférieures. L'allure générale de ces papillons est plus solide que celle des *Lithosies*, au repos, leurs ailes supérieures sont disposées en toit, tandis que les ailes inférieures, recouvertes par elles, ne sont jamais plissées en éventail. Les chenilles, presque toujours très poilues, ont été appelées chenilles hérissonnes.

Euchelia Jacobeæ; l'*Écaille du séneçon.* Espèce commune, de 35 à 40 millimètres; ailes supérieures gris sombre, avec la côte et deux taches au bord extérieur carmin ; les ailes inférieures d'un beau carmin, finement bordées de noir. Vole en plein jour, en mai et juin. La chenille est peu commune, et, ce qui est rare dans cette famille, fauve avec des bandes noires, elle vit en petites sociétés sur le séneçon pendant l'été. Elle file un léger cocon pour s'y chrysalider.

Nemeophila plantaginis. Jolie écaille de 38 millimètres d'envergure. Ailes supérieures noires veloutées, avec des bandes et des taches jaunes, les deux bandes se croisent en X près du bord de l'aile. Ailes inférieures jaunes, souvent vermeilles, avec la base largement obscure et des gros points noirs près du bord. Dans le mâle, la coloration noire de la base de l'aile est remplacée par deux bandes noires partant du corps et divergeant. Corps noir, abdomen rouge en dessous et sur ses côtés. En été, dans les forêts humides, Compiègne, Armainvilliers. La variété *Hospita* a toutes les parties jaunes remplacées par du blanc, elle est plus rare que le type.

N. russula; la *Bordure ensanglantée.* Même taille, plutôt plus grande. Mâle jaunâtre, les quatre ailes finement bordées de rose. Les supérieures ayant une tache noire près de la côte et le bord inférieur rose; les inférieures plus claires avec une large bande marginale noirâtre et une tache noire en haut du disque. La femelle plus petite, d'un roux obscur, porte sur les ailes supérieures une tache brune; la base des ailes inférieures noirâtre, se fondant avec une bande marginale diffuse et une tache noire. Environs de Paris. Commune à Lardy en été. Les chenilles des *Nemeophila* vivent sur les pissenlits, les séneçons, les plantains, etc. Celle de *Plantaginis* est noire, piquetée de blanc, couverte de poils roux et noirâtres. Chez *Russula*, elle porte une ligne blanche coupée de fauve sur chaque flanc.

Les *Callimorpha* sont de grandes et belles *Écailles* affectant des couleurs brillantes. Leurs chenilles sont bariolées de teintes variées et hérissées de poils; leurs chrysalides sont enveloppées dans un léger cocon.

C. Dominula; l'Écaille marbrée. 52 millimètres. Ailes supérieures vert doré sombre, tachées de blanc jaunâtre; ailes inférieures rouge carmin avec une bande noire interrompue près du bord, et une tache noire en haut du disque. Thorax vert foncé avec deux bandes jaunes, abdomen rouge avec une ligne longitudinale noire. Chez certains individus, le rouge est remplacé par du jaune d'ocre. La chenille est bleu très foncé avec trois bandes jaunes, elle vit sur les plantes basses et affectionne les bourraches. Papillon en juin et juillet dans les prairies humides, au bord des rivières, des marais.

C. hera; l'Écaille chinée. 58 millimètres. Ailes supérieures brun sombre velouté, largement tigré de jaunâtre, une de ces bandes claires formant un Y au bord extérieur, une autre longeant le bord inférieur. Ailes inférieures rouge carmin, avec trois taches noires, une en haut du disque, les deux autres près du bord extérieur, parfois accompagnées d'une quatrième. Thorax vert foncé rayé de jaune, abdomen rose ou orange. La teinte rouge des ailes peut être remplacée par du jaune. En août et juillet, commune partout. La chenille brune, avec des taches jaunes et rousses sur chaque anneau et une ligne rousse sur les flancs, vit sur les orties, les genêts, bourraches, etc.

Ces *Chelonia* sont plus robustes de forme que les *Callimorpha*. Leurs chenilles, très velues, sont très agiles et se rencontrent fréquemment courant à la surface du sol.

C. caja; l'Écaille martre. 62 à 70 millimètres. Ailes supérieures brun marron, largement tachées de taches et de bandes blanches se coupant en X au bord extérieur. Ailes inférieures rouges, souvent passant au rouge brique ou au jaunâtre, avec cinq grosses taches noires, celles du disque se fondant parfois en une bande. Thorax roux, abdomen rouge, les anneaux marqués de noir en dessus. Commune partout pendant l'été. La chenille est couverte de longs poils roux, ceux des flancs sont gris.

C. villica. 55 millimètres. Ailes supérieures noires, veloutées, avec huit grandes taches jaunes, celles du bord extérieur plus larges. Ailes inférieures orange pâle, avec de petites taches noires et une grande tache noire diffuse, souvent divisée au haut du bord extérieur. Thorax noir, abdomen orange à la base, puis rouge jusqu'à l'extrémité. Moins commune. Se trouve en juin.

C. purpurea; l'Écaille mouchetée. Ailes supérieures jaune soufre avec beaucoup de petites taches grises, ailes inférieures rouges tachées de noir. Corps jaune. En juin et juillet. La chenille blanche, à poils jaunes, avec une bande noire sur le dos. En avril et mai sur les genêts, vit aussi de pissenlits, etc.

C. fasciata, du midi de la France. Ailes supérieures blanches tachées de noir, les inférieures jaunes, bordées de rouge et tachetées de noir, surtout près du bord. Thorax noir, abdomen rouge avec l'extrémité noire.

C. Hebe; l'Écaille couleur de rose. 54 millimètres. Plus trapue de forme que les précédentes. Ailes supérieures blanc jaunâtre, portant trois bandes verticales

noires et deux larges taches noires près du bord externe. Ailes inférieures pourprées, bordées de noir, avec une bande noire étroite sur le disque et deux grandes taches noires près du bord externe. Thorax noir à collier pourpre, abdomen de cette dernière couleur, avec une bande noire longitudinale et les derniers anneaux cerclés de noir. La chenille noire, avec de longs poils gris clair sur le dos et roux sur les côtés ; vit au printemps sur le pissenlit et le séneçon, d'où elle émigre dans les derniers temps sur

Fig. 78. — Euchelia Jacobeæ ; Chelonia Caja, sa chenille et son cocon.

les chardons. Papillon en juin dans les terrains arides.

C. civica; l'*Écaille brune*. Plus petite, les ailes supérieures brunes, tachées de jaune; les inférieures orangées ou brunes avec des taches noires; corps jaune et brun; peu commune.

C. maculosa. Petite espèce à ailes supérieures fuligineuses à taches noires, à ailes inférieures roses ou rouges tachées de brun : des Pyrénées, de Hongrie. *C. simplonia*, des Alpes; espèce très voisine, *C. casta*, de Hongrie.

C. pudica. Espèce de taille moyenne. 40 millimètres. Ailes supérieures blanches, tachées de noir, ces taches presque toutes triangulaires et assez rapprochées; les ailes inférieures rose pâle, presque blanches, tachées de noir au bord inférieur chez la femelle. Le thorax noir, avec le collier et deux bandes gris rose, l'abdomen rose, cerclé de noir aux derniers anneaux. France méridionale. Cette espèce possède un appareil musical dont nous avons déjà parlé.

Le petit sous-genre *Phragmatobia* nous offre une espèce commune dans nos environs, *P. fuliginosa*, l'*Écaille cramoisie*. Petite Écaille de 34 millimètres d'envergure. Ailes supérieures rousses avec la côte et une fine bordure rougeâtres; ailes inférieures rouge carmin passé, un peu diaphanes, avec une large bande noirâtre souvent interrompue, longeant le bord. Thorax roux, abdomen rouge avec une ligne dorsale noire. Papillon en mai et juin, puis en août et septembre. Vole souvent en plein jour, dans les jardins, etc. La chenille, brun roussâtre, se trouve souvent sur les pierres ou au pied des murs, elle vit sur diverses plantes basses.

Les *Arctia* sont de petites Écailles en général brun clair, grises, jaunes ou blanches. Leur livrée est uniforme et ne porte plus ces couleurs tranchées que nous pouvons admirer chez les Callimorphes ou les Chélonies. Les papillons sont moins actifs que chez les espèces précédentes; les chenilles sont semblables, mais ont des poils plus courts et plus raides.

A. Menthastri. 40 millimètres. Blanchâtre avec l'abdomen jaune, des lignes confuses de points noirs sur les ailes supérieures, trois ou quatre points sur les inférieures. Commun en mai et juin dans les jardins, les bosquets, etc. La chenille brun foncé, avec une ligne fauve sur le dos, vit sur toute espèce de plantes; on la rencontre souvent errant au pied des murs.

A. Urticæ. Taille et aspect de la précédente, mais les ailes entièrement blanches, les supérieures avec un ou deux points noirs, les inférieures en portant un, quelquefois pas. La chenille noire avec une raie blanche vit sur les orties. Moins commune que l'espèce précédente. *A. Mendica* a son mâle entièrement brun fuligineux, la femelle blanche avec quelques points noirs sur les ailes. *A. lubricipeda,* corps jaune avec l'abdomen roussâtre, les quatre ailes jaunâtres, les supérieures avec deux points noirs à la côte et une ligne de petits points noirs la traversant obliquement, un point également noir au milieu du bord inférieur. Ces deux *Arctia* sont communes, la première en été, la seconde au printemps. *A. luctifera,* France méridionale. Noire, avec l'abdomen et le bord interne des ailes inférieures jaune. *A. sordida.* Entièrement d'un gris sale, des Alpes.

C'est ici que vient se placer le curieux genre *Trichosoma,* dont les femelles ne possèdent que des moignons d'ailes. *Trichosoma corsicum.* Le mâle est une petite Écaille aux ailes jaunes, les supérieures tigrées de brun, les inférieures tachées au bord extérieur de macules de même couleur. La femelle a les mêmes dessins sur ses moignons d'ailes, les inférieures étant surtout presque complètement atrophiées. Corse. *T. Bœticum,* Espagne. *T. Parasitum,* Hongrie. Les chenilles et les cocons de ces curieux Lépidoptères n'ont rien de particulier.

La famille des *Cossides* ou *Lignivores* se compose d'Hétérocères que réunit une particularité de mœurs : toutes les chenilles de ces papillons sont lignivores et endophytes. C'est-à-dire qu'elles passent, à l'instar de celles des *Sésies*, leur existence dans les troncs d'arbres ou les tiges et même les racines de certaines plantes, s'y métamorphosent, et n'en sortent qu'insectes parfaits pour reproduire leur espèce et retourner pondre dans les tissus végétaux. Certains de ces papillons à chenilles xylophages se recommandent à notre attention par une taille très grande, mais la majorité d'entre eux est de faible stature, et tous sont revêtus de couleurs sombres. Les adultes portent rarement des organes buccaux développés et ne s'en servent jamais, car ils ne prennent aucune nourriture. Leurs chenilles sont loin d'avoir la même sobriété, et les dégâts qu'elles causent dans les plantations et les arbres d'avenues sont là pour attester que les quelques années vécues par cette misérable engeance n'ont compté que peu de jours de diète.

Cette famille se divise en trois groupes : les *Hépialiens*, les *Cossiens*, les *Zeuzériens*.

Les *Hépiales* sont représentées en Europe par une dizaine d'espèces. Leurs chenilles vivent de racines, mais n'habitent pas dans l'intérieur du végétal qui les nourrit. Leur existence souterraine se passe dans de longs tubes soyeux qui vont de la surface du sol à la racine attaquée. La plus grande espèce est l'*Hépiale du houblon*, *Hepialus humuli*, dont le mâle est complètement d'un blanc argenté ; la femelle, plus grande (55 millimètres), est brune variée de jaune d'ocre et de rouge fauve. La chenille ronge les racines du houblon et occasionne parfois d'assez grands dégâts. Cette espèce habite le nord de la France. Aux environs de Paris se trouvent de petites espèces brunes ou jaune obscur : *H. Lupulinus*, la *Louvette ; H. Sylvinus*, etc.

Les *Cossiens* sont représentés dans nos environs par le genre *Cossus*. Le Cossus gâte-bois (*Cossus ligniperda*),

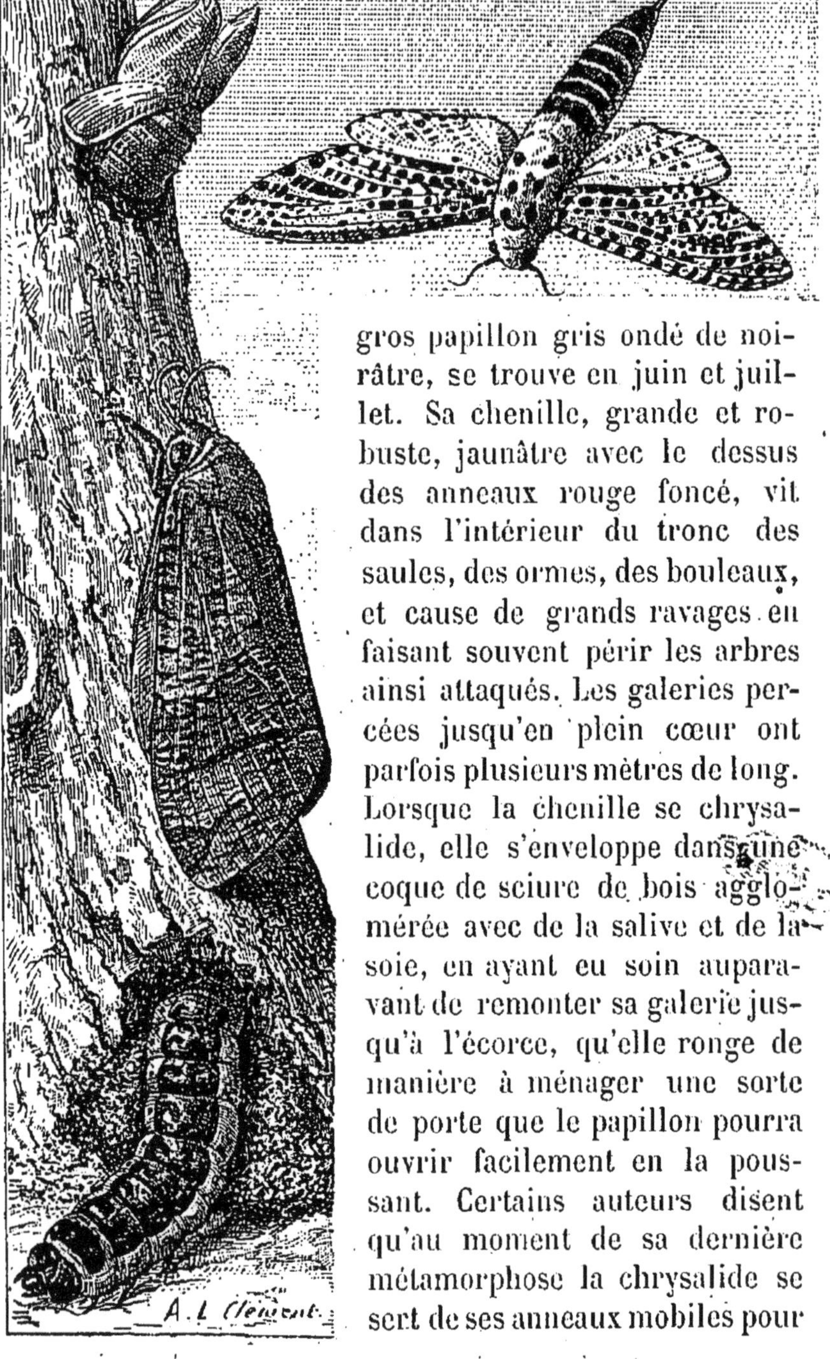

gros papillon gris ondé de noirâtre, se trouve en juin et juillet. Sa chenille, grande et robuste, jaunâtre avec le dessus des anneaux rouge foncé, vit dans l'intérieur du tronc des saules, des ormes, des bouleaux, et cause de grands ravages en faisant souvent périr les arbres ainsi attaqués. Les galeries percées jusqu'en plein cœur ont parfois plusieurs mètres de long. Lorsque la chenille se chrysalide, elle s'enveloppe dans une coque de sciure de bois agglomérée avec de la salive et de la soie, en ayant eu soin auparavant de remonter sa galerie jusqu'à l'écorce, qu'elle ronge de manière à ménager une sorte de porte que le papillon pourra ouvrir facilement en la poussant. Certains auteurs disent qu'au moment de sa dernière métamorphose la chrysalide se sert de ses anneaux mobiles pour

Fig. 79. — Zeuzera æsculi; Cossus ligniperda, sa chrysalide et sa chenille.

s'arc-bouter le long des parois de la galerie. Elle remonte ainsi jusqu'à sortir à moitié à l'air libre après avoir enfoncé l'opercule, de telle manière que le papillon, sortant de la chrysalide, est tout de suite en jouissance de l'air et de la liberté. La chenille vit plusieurs années, jusqu'à quatre ans, et au printemps on la voit souvent se promener d'un arbre à l'autre, car elle quitte son premier abri pour aller recommencer plus loin ses déprédations. D'autres espèces habitent l'Amérique du Nord (*Cossus robinæ*), etc.

Les *Zeuzères* ont des couleurs moins sombres que les papillons précédents. La *Zeuzère du marronnier, Zeuzera æsculi*, ou la *Coquette* (45 à 50 millimètres d'envergure), a les quatre ailes blanches pointillées de bleu noirâtre. Sa chenille est à l'intérieur du tronc du marronnier d'Inde. Sa chenille vit à l'intérieur du tronc du marronnier, du chêne, de l'orme, de beaucoup d'arbres fruitiers. Le *Macrogaster arundinis* est une curieuse Zeuzère à l'abdomen très allongé, vivant dans les marécages des pays froids, en Angleterre, en Allemagne, en Picardie.

Les *Psychides* sont de singuliers petits Bombyciens, dont les mâles, bruns ou fuligineux, n'ont rien de remarquable. Les femelles aptères gardent l'apparence de chenilles et vivent dans des fourreaux d'où elles ne sortent jamais, sauf pour quelques espèces. Ces fourreaux, de forme variable, sont construits avec des matériaux presque toujours d'origine végétale, débris de feuilles, brindilles, fétus de paille, mais parfois avec des grains de sable. Certaines espèces ont des fourreaux enroulés sur eux-mêmes à plusieurs tours de spire, comme la coquille des limaçons.

Les chenilles des deux sexes ont des abris de même nature, et comme leur taille va toujours en augmentant, il faut qu'elles allongent leur fourreau au fur et à mesure de la naissance de leur corps. Cette demeure portative ne les quitte jamais; et pour marcher elles se contentent de sortir les premiers anneaux de leur corps et progressent à l'aide de leurs pattes écailleuses. Si quelque danger vient à les menacer, quelque inquiétude à les saisir, elles se cramponnent aussitôt au plan de position, écorce ou feuille, avec leurs mandibules, et ramènent jusque sur leur tête ce précieux fourreau qui ne paraît plus qu'un amas de débris, incapables de laisser deviner la présence d'un être vivant.

Fig. 80. — Psyche Calvella, son fourreau et sa larve.

P. graminella, espèce de grande taille; le mâle, brun fuligineux, aux ailes demi-transparentes, de 25 à 28 millimètres d'envergure. La femelle vit dans un fourreau formé de brindilles, c'est la *Teigne à fourreau de paille composé* de Geoffroy.

Parmi les espèces à fourreau en hélice citons la *P. Helicinella*. Le mâle, de 14 à 15 millimètres, est brun obscur fuligineux, à demi-transparent. La femelle vit dans un petit fourreau formé de grains de sable. De grandes Psychides exotiques font des fourreaux de plus d'un décimètre de long; genre *Oiketicus*.

Le groupe des *Liparides* renferme des espèces trop communes et trop nuisibles pour que nous n'y donnions pas quelque attention. Ce sont des papillons de taille moyenne, à gros abdomen, à antennes fortement pectinées dans les mâles. Leurs chenilles, dont certaines espèces dévastent nos arbres fruitiers ou les arbres d'avenues, vivent souvent en sociétés sous une tente soyeuse, d'autres mènent une existence solitaire. Elles se chrysalident sur les arbres qui les ont nourries, dans des cocons transparents, d'un tissu lâche, attachés aux branches, entre les feuilles; parfois même on voit de ces larves filer leur cocon à terre ou contre un mur.

L. Chrysorrhea; le *Cul-brun*. Envergure 30 à 33 millimètres. Entièrement blanc, l'abdomen brun obscur à son extrémité et terminé par une forte houppe de poils dorés. Très commun partout en juillet et août. — La chenille brune, couverte de touffes de poils roux, vit en mai et juin sur toutes sortes d'arbres. Écloses en septembre des œufs pondus en juillet, les chenillettes se forment en petites sociétés dans un bouquet de feuilles réunies par des fils de soie. Il faut brûler ces nids en hiver, et profiter d'un temps froid, sans quoi les chenilles pourraient en être sorties. Très nuisible.

L. auriflua. Très voisin et de même taille, a le corps tout blanc terminé par une houppe de poils doré clair. La chenille vit solitaire sur les arbres des bois et n'est pas nuisible.

L. salicis. 40 et 45 millimètres d'envergure. Ailes et corps blancs. La chenille noire, avec le dessus des anneaux blanc, est ornée de verrues jaunes; sur les saules et les peupliers. Peut, quand elle est commune, causer de grands dégâts sur ces derniers arbres.

L. dispar; le *Bombyx disparate* ou le *Zigzag*. Les deux sexes sont fort différents. Le mâle, de 43 millimètres d'envergure, est brun varié de jaune d'ocre; la femelle, beaucoup plus grande, à abdomen énorme, a les ailes d'un blanc jaunâtre, les supérieures avec de fines lignes brunes en zigzag. Très commun en juillet et août.

La chenille, très grosse chez la femelle, est grise, couverte de touffes de poils sortant de tubercules rouges et noirâtres. Elle cause de grands ravages sur les arbres fruitiers, qu'elle dépouille souvent complètement de leurs feuilles.

L. monacha; la *Nonne*, le *Zigzag à ventre rouge*. Envergure 40 à 43 millimètres. Corps gris blanchâtre, l'abdomen rosâtre aux anneaux cerclés de noir. Ailes supérieures blanchâtres, chargées de lignes brisées brunes; les inférieures gris plus ou moins foncé. En juillet et août, dans les bois. La chenille, grise variée de gris cendré, a souvent produit de grands dégâts dans les forêts de pins; on la rencontre aussi sur les chênes, les hêtres, etc., dans les forêts.

Les *Orgya*, voisines des *Liparis*, commettent aussi des dégâts, certaines d'entre elles ont des femelles privées d'ailes. Telles sont les femelles des *Orgya antiqua*, *gonostigma* et *Trigotephras*.

O. Pudibunda; la *Patte étendue*. Mâle, 48 millimètres d'envergure. Ailes supérieures grises variées de brun; inférieures blanchâtres avec une tache obscure près le bord inférieur. La femelle, beaucoup plus grande (70 millimètres), a les quatre ailes blanchâtres, les supérieures traversées par des bandes étroites brun grisâtre. La chenille a une très jolie livrée. Elle est verte ou brune, les anneaux séparés en dessus par des bandes noir velouté, elle est ornée en outre de quatre brosses de poils jaunes ou blancs et d'un pinceau de poils roses ou violets sur le onzième anneau.

Ces chenilles sont parfois nuisibles aux noyers et aux arbres fruitiers. En 1848 elles dévastèrent 1500 hectares de forêts aux environs de Phalsbourg, en dépouillant complètement les arbres de leurs feuilles. La quantité de ces chenilles était incroyable, à tel point que le sol en était couvert par endroits jusqu'à une hauteur de 12 centimètres. Les habitants du pays gardèrent le souvenir de

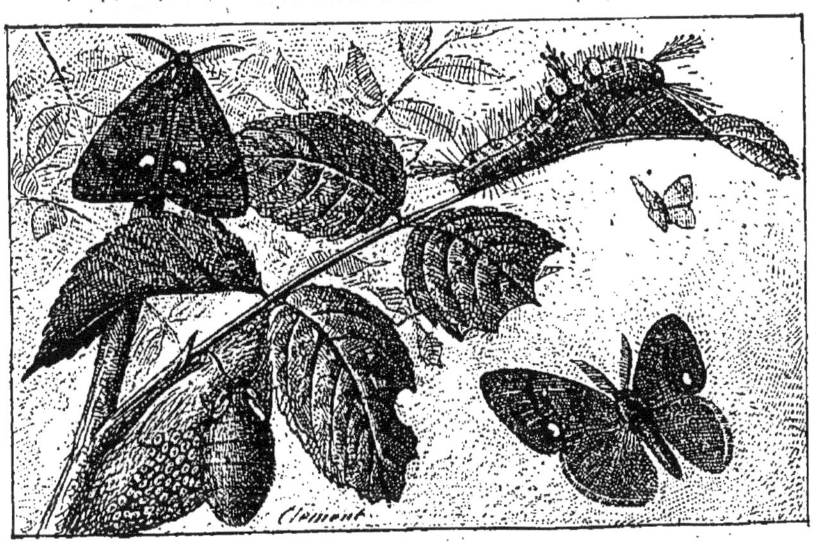

Fig. 81. — Orgya antiqua.

cette invasion et baptisèrent les chenilles du nom de *chenilles de la République*.

O. antiqua; l'Étoilée. Beaucoup plus petite, 26 à 30 millimètres. Le mâle est d'un brun fauve avec une bande foncée et une tache blanche à l'aile supérieure; la femelle, aptère, à l'abdomen énorme pour sa taille, n'a que deux petits moignons d'ailes. La chenille vit en mai et en août sur les arbres fruitiers. Papillon en juin, puis à l'automne. Un genre voisin (*Demas*) est représenté en France par la *Phalène du noisetier* (*Demas coryli*). Petit bombyx gris avec la base des ailes supérieures brune. La chenille couleur chair avec la tête et trois touffes de

Fig. 82. — Les Lasiocampes; Odonestis potatoria; Lasiocampa quercifolia

poils roux vit sur le noisetier, l'aubépine et le chêne en été et en automne.

Les *Bombycides* vrais nous offrent neuf genres principaux : *Bombyx, Lasiocampa, Megasoma, Aglia, Endromis, Cnethocampa, Sericaria, Saturnia, Attacus.*

Si parmi les papillons de cette famille certains ont su se rendre odieux et mériter par les déprédations que leurs chenilles exercent dans nos bois et nos vergers les mesures répressives que l'intérêt commun a dû prendre à leur endroit, il en est d'autres au contraire dont les pré-

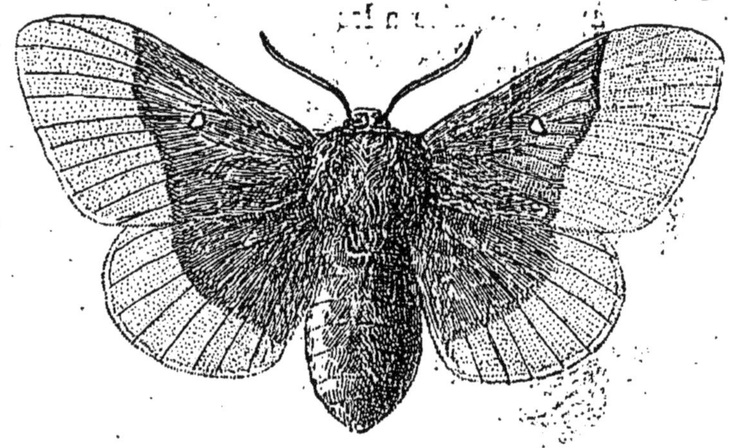

Fig. 83. — Bombyx quercûs, femelle.

cieux produits sont pour certaines régions une source de richesse, et deviennent objets de luxe et même de nécessité. C'est en effet parmi les Bombyx que se range le Ver à soie du mûrier, et c'est à cet humble insecte, humble par sa livrée, plus humble par sa taille, que l'on doit l'élément des plus riches tissus, le fil de la trame du brocart ou du lampas.

L'on m'a répété, l'on me répète sans cesse, et l'on me répétera encore : Pourrez-vous me dire à quoi sert d'étudier toutes ces petites bêtes? De quelle utilité peuvent être de semblables travaux? Eh! mon Dieu, si M. Pasteur n'avait pas daigné les étudier, ces petites bêtes, peut-être la maladie des vers à soie, mal comprise et mal soignée, nous eût privés à la longue de ces étoffes de soie dont vous me paraissez ne pas faire fi. Et si des savants persévérants, et consciencieux comme Guérin-Méneville n'avaient consacré leur vie à l'élevage, à l'éducation, aux croisements et à l'acclimatation des diverses races de vers à soie, vous n'auriez pas ces forts tissus de soie bise, ces légers et solides vêtements d'été dont vous êtes heureux de vous couvrir pendant les fortes chaleurs.

Parmi les *Bombyx* citons rapidement le *Minime à bande*, *Bombyx quercûs*, belle espèce assez grande (50 à 55 millimètres). Le mâle a les quatre ailes chocolat lar-

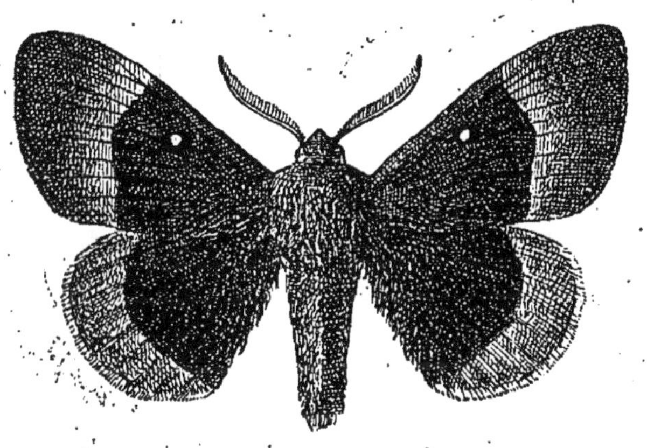

Fig. 84. — Bombyx quercûs, mâle.

gement bordées d'une teinte plus claire, cette teinte séparée de celle du fond par une ligne jaune flexueuse plus ou moins large, bordant parfois complètement l'aile inférieure. La femelle plus grande est d'un jaune paille, la bordure des ailes plus claire. Une lunule blanche cerclée de noir sur l'aile supérieure dans les deux sexes. Le mâle vole en plein jour par rapides crochets. Commun en juillet. La chenille, grande, noire avec des poils gris et blonds vit sur les arbres fruitiers.

B. Trifolii; Petit Minime à bande. Le mâle n'a que 50 millimètres, la femelle est beaucoup plus grande. Brun clair roussâtre, les ailes largement bordées d'une teinte plus claire, ces deux tons séparés par une ligne blanchâtre; une lunule blanche sur l'aile supérieure. Mai et juin; mêmes habitudes que *quercûs*. La chenille, noire et bleue à poils fauves, vit sur le genêt, les trèfles, etc., en juin.

B. Castrensis; la *Livrée des champs*. Petite espèce, 23 à 25 millimètres. Le mâle a les ailes supérieures jaunes, rayées de brun, les inférieures marron. La femelle, plus grande, est marron clair avec deux bandes jaunes

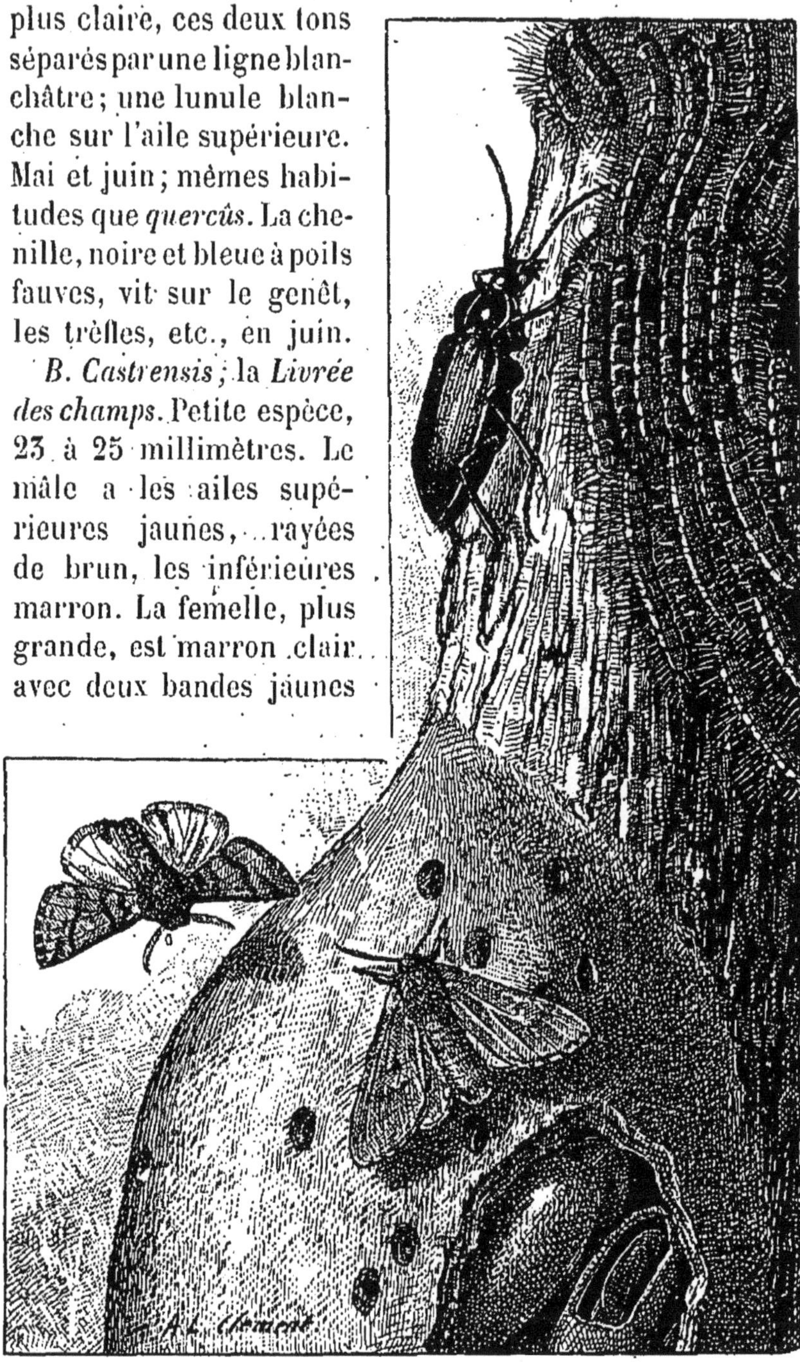

Fig. 85. — Bombyx processionnaire du chêne, ses chenilles et leur ennemi, le Calosome sycophante.

étroites et sinueuses sur l'aile inférieure. Chenilles sur les graminées.

B. neustria; la *Livrée*. Plus grand, jusqu'à 28 millimètres. Espèce commune et dont la chenille commet des dégâts parfois considérables sur les arbres fruitiers. Le mâle est ferrugineux ou jaune d'ocre avec des bandes plus claires sur les ailes, la femelle plus grande est aussi plus pâle avec une large bande brun clair traversant l'aile supérieure. La chenille bleue, avec des bandes longitudinales noires et fauves et une ligne blanche le long du dos, vit en sociétés nombreuses et dévaste parfois les vergers. *B. franconica*, mâle fuligineux, femelle roux ferrugineuse; *B. loti*, mâle roux, femelle gris noirâtre; les femelles beaucoup plus grandes de même que chez le *B. lanestris; B. catax*, espèce plus grande, ferrugineux obscur.

B. rubi. Mâle, 50 millimètres envergure. Brun ferrugineux, deux lignes jaunâtres sur l'aile supérieure. Femelle plus grande, plus grisâtre. La chenille noire, à poils bruns, vit sur la ronce et les trèfles de juillet à novembre. *B. taraxaci*. Moins grand (45 millimètres), corps noir, thorax couvert de poils roux orangé, les quatre ailes jaunes chez le mâle avec un point noir aux supérieures, plus claires et sans point chez la femelle. *B. Dumeti*, autre belle espèce, un peu plus grande, brun noirâtre avec une bande sinueuse traversant les quatre ailes et un point jaune sur les supérieures; chez le mâle la base des ailes est jaune.

Les *Lasiocampa* sont de grands et beaux bombycides à l'abdomen massif, aux ailes dentelées. La disposition de leurs ailes dans le repos, leur couleur rousse ou brune, a fait donner à la majorité des *Lasiocampes* le nom de Bombyx *feuilles-mortes*. Les chenilles pubescentes sur le dos, hérissées de poils sur les côtés, très plates en dessous, se dissimulent merveilleusement le long des branches, où elles passent l'hiver sans que la température la plus rigoureuse leur fasse chercher un abri. Elles sont nocturnes.

Une première division de *Lasiocampes* à ailes non découpées nous offre une espèce dont la chenille vit sur les Bromus et autres graminées au bord des eaux. *L. potatoria;* la *Buveuse*. 60 millimètres. Le mâle est brun ferrugineux avec une ligne transversale noire sur l'aile supérieure dont le disque est souvent jaune; la femelle, plus grande (75 millimètres), est jaune, avec la ligne des ailes supérieures et une diffuse sur les inférieures, brunes. Se rencontre en juillet dans les prés marécageux.

Les *Lasiocampa* nous offrent cinq ou six espèces françaises.

L. Pruni. D'un fauve rougeâtre, une ligne noire sur l'aile supérieure et un point blanc. Rare. *L. alnifolia.* Brun noirâtre, avec des lignes sinueuses obscures; rare. *L. quercifolia*, mâle 55 millimètres, 75 chez la femelle, d'un roux ferrugineux, avec une pruinosité violette à l'extrémité des ailes. Chenille sur les arbres fruitiers; on trouve le papillon en juillet dans les jardins.

L. Populifolia. Un peu moins grand, d'un jaune ferrugineux. *Betulifolia*, petite espèce, 38 millimètres. *L. suberifolia*, etc.

Citons encore le Lasiocampe du pin, *Gastropacha pini*, belle espèce aux ailes supérieures grises, ondées et variées de noirâtre avec un point blanc; les inférieures brunes. Vit sur les pins dans la Gironde, l'Auvergne, les Vosges. Le *L. Otus* est la plus grande espèce du genre, ses ailes sont allongées et entières, de Dalmatie. *L. lineosa*, petite espèce de la France méridionale.

Les *Megasoma* viennent ensuite. Dans ce genre, représenté par une espèce du midi de l'Espagne (*M. repandum*), le mâle est beaucoup plus petit que la femelle.

Aux environs de Paris, dans les allées et avenues des forêts ou des grands bois, on rencontre quelquefois à la fin de mars ou au commencement d'avril, volant rapidement en plein soleil, un joli bombyx qui n'est nulle part très commun. C'est l'*Endromis versicolora*. Le mâle, de 60 millimètres d'envergure, est agréablement varié, de roux, de brun et de blanc; la femelle, plus grande, est jaunâtre variée de brun.

Le genre *Cnethocampa* mérite d'attirer notre attention; car c'est à lui qu'appartiennent les Bombyx processionnaires du chêne et du pin.

Les papillons n'ont en soi rien de remarquable.

Le Processionnaire du chêne (*Cnethocampa processionea*) a 30 millimètres d'envergure. Son corps est grisâtre, le dessus du thorax noir. Les ailes supérieures grises avec des fascies nébuleuses et d'étroites bandes noirâtres, les inférieures blanchâtres avec une bande antémarginale obscure. La femelle est plus grosse que le mâle et moins foncée.

Le papillon paraît en juillet et se trouve dans les bois de chênes.

La chenille est grise, son dos noirâtre est tacheté de fauve.

Au printemps, les chenilles sortent des œufs déposés par les femelles sur le tronc des chênes et s'abritent en commun dans une sorte de nid soyeux d'un jaune brunâtre. Ces nids sont en général placés aux fourches du tronc ou des grosses branches. C'est de là que cette funeste engeance sort en longues files, comme en *procession*, pour aller vers le soir dévorer les feuilles des arbres. Leur manière de marcher est assez singulière et semble indiquer chez ces larves un profond sentiment d'ordre, de discipline.

Les chenilles du Bombyx processionnaire sont d'un noir bleu avec une ligne blanche sur les côtés, et leurs nombreux poils sont disposés en bouquets étoilés sur des verrues oranges. Chaque chenille se file dans la bourse soyeuse un cocon fixé à la paroi de l'arbre, dans lequel elle se change en une chrysalide brune et arrondie.

Le papillon éclôt en juillet.

En dehors des dégâts qu'elles occasionnent en dépouillant parfois les chênes de leurs feuilles, ainsi qu'elles l'ont fait au Bois de Boulogne en 1866, les chenilles se rendent encore incommodes par leurs poils urticants qui se détachent facilement, voltigent dans l'air et occasionnent aux personnes sur qui elles tombent des urtications fort douloureuses, pouvant parfois produire de graves inflammations des muqueuses, s'ils viennent à pénétrer dans la bouche.

Le *Processionnaire du Pin* (*Cnethocampa pityocampa*), très voisin du précédent, habite la France méridionale et cause parfois de grands dégâts dans

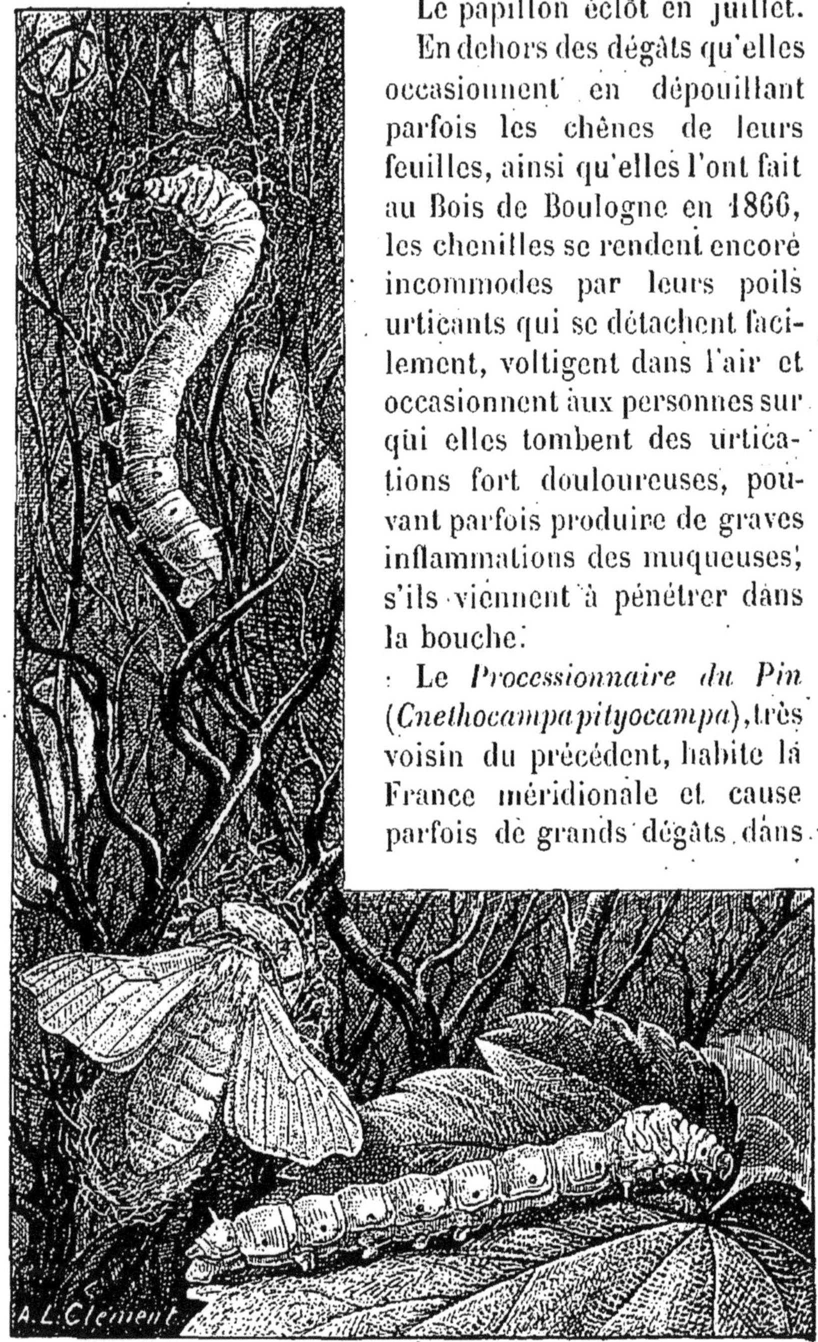

Fig. 8.. — Le Ver à soie du mûrier et ses métamorphoses

les forêts de pins. Les chenilles vivent à la façon de celles du chêne, mais au moment de la nymphose, on les voit abandonner leurs nids pour s'enterrer et se chrysalider dans une logette.

Dans l'Europe boréale existe le *C. pinivora*, autre espèce non moins funeste en Allemagne dans les sapinières. Sa chenille vit exclusivement sur le sapin.

Une espèce de Russie méridionale et d'Espagne, *Cn. Herculeana*, se chrysalide également en terre; il en est de même de *C. solitaris*, espèce de Turquie.

C'est ici la place du *Sericaria mori* ou Bombyx du mûrier. Cette espèce, abâtardie par une longue domestication, existerait encore à l'état sauvage, d'après le célèbre voyageur l'abbé David, dans certaines forêts de la Chine.

Le *Sericaria mori* n'est pas la seule espèce du genre: il y en a dans les régions montagneuses de la Chine. Citons *S. Huttoni* et *Shervilli*, de l'Himalaya; *Horsfieldi*, de Java; *Bengalensis*, de l'Inde; *Subnotata*, des mêmes régions. Vient ensuite le genre *Ocinara*, des Indes et de l'archipel malais.

Le groupe des *Saturniens* renferme de grands et beaux papillons, de taille souvent gigantesque, et dont les ailes presque toujours falquées sont ornées de taches transparentes, ou en forme d'yeux. C'est parmi eux qu'il faut chercher le plus grand papillon de notre pays, le *Grand Paon de nuit*.

Leurs chenilles, de grande taille, de couleur presque toujours verte ou jaune, lisses, sont ornées de verrues en forme de perles, de couleurs variées, portant des touffes de poils ou des épines. Les chrysalides, courtes, massives et ovoïdes, sont renfermées dans des cocons de soie plus ou moins grossière, très souvent susceptible d'être tissée.

L'industrie a trouvé dans ce groupe de précieux auxiliaires du ver à soie, et une espèce même du genre Atta-

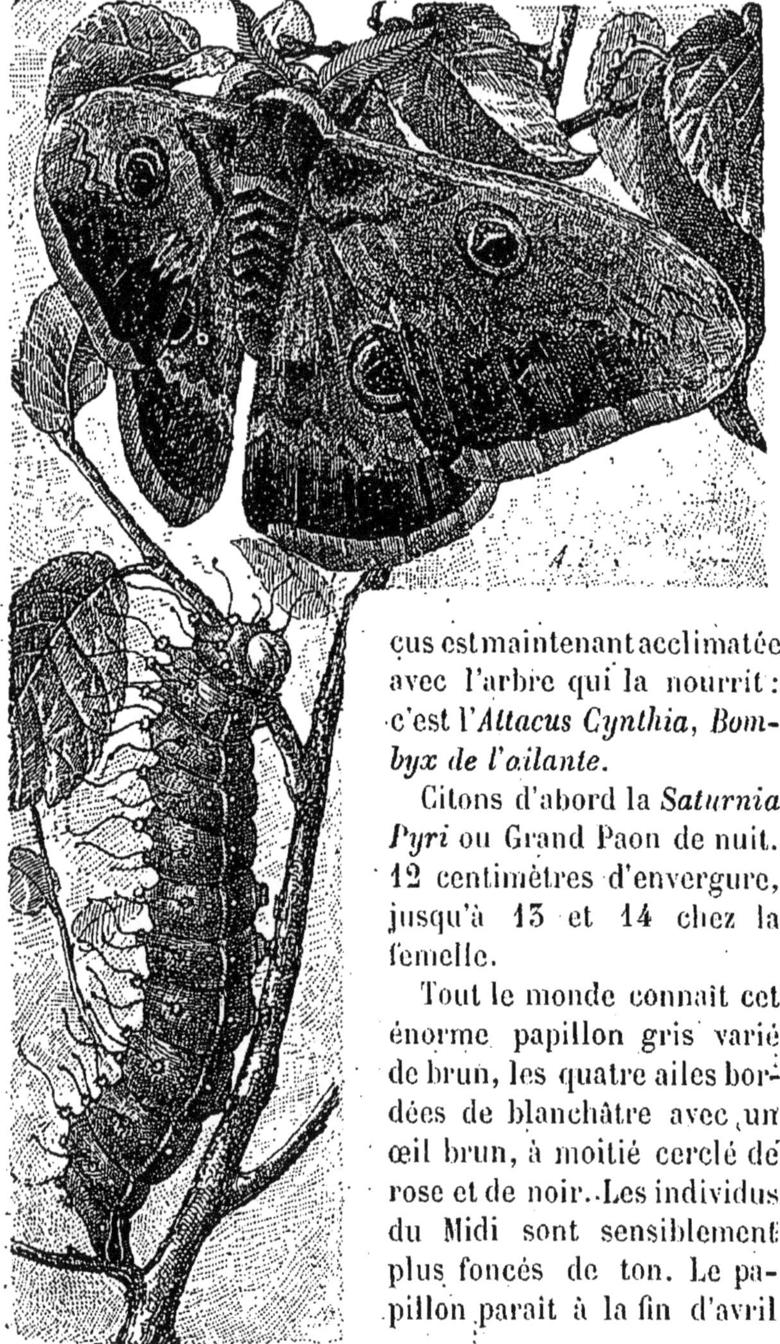

Fig. 87. — Paon de nuit (*Saturnia pyri*).

cus est maintenant acclimatée avec l'arbre qui la nourrit : c'est l'*Attacus Cynthia, Bombyx de l'ailante.*

Citons d'abord la *Saturnia Pyri* ou Grand Paon de nuit. 12 centimètres d'envergure, jusqu'à 13 et 14 chez la femelle.

Tout le monde connait cet énorme papillon gris varié de brun, les quatre ailes bordées de blanchâtre avec un œil brun, à moitié cerclé de rose et de noir. Les individus du Midi sont sensiblement plus foncés de ton. Le papillon parait à la fin d'avril et dans la première quinzaine de mai. On le trouve souvent dans les vergers.

La chenille, longue d'au moins huit centimètres, est vert tendre avec des tubercules ou perles bleu de turquoise, chacune de ces perles surmontée de sept poils raides, noirs et rayonnant en étoile. Elle vit sur les arbres fruitiers, notamment le poirier, mais elle aime aussi les ormes et les platanes. Elle se file en août, soit sur l'arbre même où elle a vécu, soit sous le chaperon d'un mur ou le rebord d'un toit, un gros cocon brun, dur, d'une soie grossière et très gommée. — Le plus petit bout de ce cocon est fermé par les fils de soie repliés en anse à l'intérieur, de telle sorte que le papillon, une fois éclos, peut sortir en les écartant.

Ces cocons ne sont guère utilisables; cependant il existe au Muséum une paire de gants tricotés avec la soie cardée de *Saturnia pyri*.

Le *Moyen Paon*, *Saturnia spini*, est une espèce de moyenne taille qui n'existe pas en France; elle est commune en Allemagne. La femelle de cette *Saturnie* est presque identique à celle de notre *Petit Paon de nuit* ou *Saturnia carpini*.

S. carpini. — Envergure 60 millimètres, mâle; femelle 70 à 80 millimètres. Le mâle a les ailes supérieures grises, avec une bande et une bordure grises, et un œil brun au milieu d'une grande tache blanche; en outre, à leur sommet on remarque une tache d'un rouge vineux. Les ailes inférieures sont fauves avec la bordure brune et une bande de même couleur la longeant; sur le disque un œil semblable à celui de l'aile supérieure. La femelle, beaucoup plus grande, gris clair avec des fascies brunes sur les ailes, dont chacune porte un œil. Elles sont bordées de blanc, les supérieures ont la base brune, la côte largement gris cendré séparée du gris brun de l'aile par une longue tache blanche sur laquelle repose l'œil. Les inférieures traversées par une large bande blanche sur laquelle se détache l'œil. Espèce commune à la même époque que le *Grand Paon*, le mâle vole en plein soleil dans les clairières, sur les coteaux, à la lisière des bois. Chenille verte, chaque anneau portant une bande transversale noir velouté avec des tubercules roses ou orangés portant chacun une étoile de sept poils noirs. Dans son premier âge cette chenille est d'un noir brun avec une ligne orangée sur chaque flanc; les poils épineux et les tubercules dont elle est couverte lui donnent un aspect absolument différent qui pourrait la faire confondre avec celles des *Vanessa* ou des *Melitæa*. Vit de mai à juillet sur la ronce, le prunellier, le chêne, etc. Elle se file en août un cocon semblable à celui du Grand Paon, mais beaucoup plus petit.

S. cæcigena. Rare espèce de Dalmatie, jaune paille avec des lignes obliques diffuses roses et une faible indication d'ocelles; 75 millimètres.

S. Isabellæ. Belle espèce d'Espagne, jadis rare dans les collections. Dans cette espèce remarquable les ailes sont terminées par une queue recourbée en dehors. Les quatre ailes sont vert d'eau, avec les nervures et la bordure brunes. Un œil jaune et noir sur chaque aile. La chenille vit sur le pin maritime.

S. Cecropia, ver à soie du prunier, espèce américaine.

Le genre *Attacus* renfermant les formes à ailes très falquées, nous offre, parmi les espèces asiatiques, un certain nombre de séricigènes dont les produits sont utilisés d'une manière pratique.

Citons en premier lieu cette espèce acclimatée chez nous et dont le papillon vole maintenant en août sur nos boulevards et dans tous les endroits où croissent les ailantes : le bel *Attacus Cynthia*, originaire du Japon.

C'est un beau et grand papillon, dont le fond brun-verdâtre velouté est rehaussé par des bandes blanches s'appuyant sur des fascies rosâtres. Sur le milieu de chaque aile s'ouvre une fenêtre vitrée en forme de croissant ; l'aile supérieure, gris rose à son sommet, porte une tache ronde noire. Les femelles ne diffèrent des mâles que par la taille plus grande.

La chenille d'un jaune verdâtre a six rangées de tubercules sur le dos, et ses anneaux portent des taches noires. Les cocons sont suspendus par une sorte de queue aux rameaux des ailantes, et en hiver, au milieu des branches privées de feuilles, ils apparaissent semblables à des fruits allongés. Cette espèce s'élève très bien et pourrait donner jusqu'à trois générations dans l'année.

L'*Antherœa Pernyi* ou Saturnie du chêne de la Chine est un beau papillon aussi grand que les précédents, jaune, les ailes traversées par une étroite fascie blanchâtre, portent chacune une fenêtre cerclée de blanc. Son éducation a aussi donné d'excellents résultats, mais ce beau ver à soie, très estimé en Chine, est loin de donner encore chez nous même l'espoir d'une branche sérieuse d'industrie séricigène.

La Saturnie du chêne du Japon — *Attacus Yama-Maï* — espèce très voisine de la précédente, est au Japon l'objet d'une industrie très importante. On en a fait en France de nombreux essais d'acclimatement suivis d'une manière plus sérieuse en Belgique. Une espèce de l'Inde, *Saturnia Mylitta*, ressemblant beaucoup à la *S. Pernyi*, produit ces soies dites *tussah*. Les essais d'acclimatement de cette espèce n'ont pas été jusqu'ici couronnés de succès.

Citons encore, parmi les *Séricigènes*, l'*Attacus Atlas*, espèce gigantesque des Indes orientales, élevé à Paris par M. Poujade, qui n'a pu obtenir que des cocons, et la splendide espèce *S. Selene* (sous-genre *Actias*). Cette belle espèce est verte avec les ailes terminées par de longues queues. Elle habite les Indes. M. Clément en a fait à Paris l'éducation avec succès et en a obtenu de beaux papillons mais qui ne se sont pas accouplés.

A la suite des Saturniens se place le genre *Aglia*, représenté dans nos environs par une espèce, *A. Tau*, la Hachette.

Le mâle a 65 millimètres d'envergure. Il est jaune cuir avec un œil noir à pupille blanche rappelant vaguement, comme forme la lettre T sur chaque aile. Celles-ci, bordées de noirâtre plus ou moins diffus, une ligne noire nette limitant cette bordure en dedans. — La femelle, plus grande (80 millimètres), est beaucoup plus pâle et a les ailes supérieures marquées de blanc à leur sommet, et ne présentant pas la ligne noire. Grandes forêts, en juillet; jamais commun. Le mâle vole rapidement en plein soleil. Au repos ces papillons relèvent leurs ailes comme les Diurnes.

La chenille verte, avec des traits obliques jaunes, et des épines dans le jeune âge, vit sur le charme, le hêtre, le chêne et d'autres arbres des forêts. Elle se change en chrysalide au mois d'août, dans un grossier cocon foncé de mousse ou de feuilles sèches unies par quelques fils de soie et reposant à terre au pied des arbres.

La petite famille des *Drépanulidès* ou *Platyptérygides* comprend un certain nombre de petites espèces rappelant beaucoup les Phaléniens par leur forme et leur aspect général. Mais si les papillons ressemblent à ceux des Géomètres, les chenilles diffèrent complètement des chenilles arpenteuses. Elles n'ont que sept paires de pattes, la dernière est remplacée par une sorte de queue relevée à une ou deux pointes qui termine le dernier anneau. Ces chenilles filent un petit cocon à claire-voie dans une feuille enroulée, et s'y métamorphosent en une chrysalide recouverte d'une pruinosité bleue ou blanche.

Le genre *Platypteryx* a le sommet des ailes supérieures aigu et terminé en faucille. Les six espèces françaises qui composent ce genre ne sont jamais très communes, et vivent dans les forêts. *P. Hamula*, l'*Hameçon*, 28 millimètres d'envergure. Jaune fauve plus ou moins foncé avec deux lignes jaunes transverses; la femelle, plus grande et plus pâle, a les lignes moins accusées. En juin à la lisière des bois. — La chenille vit en septembre sur le chêne; dans le Midi elle n'est pas rare sur les chênes verts. *P. Falcaria*, la *Phalène en faucille*. Espèce plus grande. 30 à 33 millimètres. Jaune brun clair avec cinq lignes sinueuses et des points ferrugineux ou bruns. — Le sommet des ailes supérieures très recourbé; la femelle, plus grande, est parfois blanchâtre.

Le papillon se trouve pendant tout l'été dans les endroits humides. La chenille, verte avec le dessus rougeâtre, vit au printemps et en automne sur le tremble, l'aune, le saule et le bouleau.

Les *Cilix* n'ont pas les ailes falquées, mais arrondies à l'extrémité. Au contraire des *Platypteryx*, qui tiennent au repos leurs ailes horizontales, elles tiennent les leurs en toit. Elles n'ont pas de trompe. *C. Compressa*, espèce grisâtre et fauve, variée de gris bleuâtre, commune le soir le long des haies.

NOTODONTIDES

Les papillons composant cette famille forment passage entre les *Noctuelles* et les *Bombyx*. Ce sont des *Bombyciens* de taille moyenne, de formes robustes, ne présentant rien dans leurs couleurs, généralement brunes ou grisâtres, de particulièrement remarquable.

Essentiellement nocturnes, ils passent le jour retirés dans des endroits sombres, dissimulés dans les anfractuosités des écorces, ou appliqués contre les troncs ou les branches. Dans le repos, ils tiennent leurs ailes disposées en toit, allure caractéristique des Noctuelles, dont les rapproche encore la forme de leurs ailes épaisses et oblongues.

Leurs chenilles sont des plus bizarres, non pas tant

Fig. 88. — Dicranula Vinula.

par leurs formes que par les attitudes qu'elles affectent, relevant les premiers anneaux de leur corps, souvent les derniers, prenant ainsi un aspect étrange et menaçant. Leurs premières paires de pattes sont souvent profondément modifiées, allongées et grêles au point d'être incapables de supporter le poids du corps, tandis que celles de la dernière paire s'allongent en filets, souvent rétractiles, véritables fouets dont elles se servent pour chasser les mouches entomophages.

Les *Notodontes* (ce mot signifie dos denté, et rappelle les crêtes que forment les poils sur le thorax des papillons) se divisent en trois groupes. Les *Dicranurides* ou *Harpyes* ou encore *Queues fourchues*, les Notodontides vraies et les *Pygérides*.

C'est dans les *Dicranurides* que nous trouvons les plus grosses *Notodontes*. La *Dicranura Vinula* ou *Queue fourchue* est un gros papillon nocturne de 60 millimètres d'envergure. D'un blanc grisâtre, les ailes supérieures, blanchâtres chez le mâle, ont la côte et le bord inférieur des supérieures grise ; la femelle, plus grande, à gros abdomen, a les ailes grises, les supérieures grisâtres chargées d'une quantité de lignes ondulées brun foncé. La chenille de cette Dicranure est fort belle et encore plus singulière par son attitude que par sa livrée. Sa robe est d'un beau vert, son manteau rougeâtre liséré de blanc. Dans le repos elle rentre sa tête sous son premier anneau, comme sous un capuchon, et relève un peu toute la partie antérieure de son corps. Elle relève aussi son extrémité postérieure; son dernier anneau porte deux filaments creux d'où sortent deux filets, qu'elle rentre à volonté. Ces deux filets, charnus et orangés, sortent aussitôt qu'on inquiète la chenille, et celle-ci sait très bien les diriger sur les points menacés de son corps.

Cette belle chenille vit sur les saules et les peupliers à la fin de l'été et en automne. En octobre elle se construit dans les gerçures de l'écorce une coque ligneuse, dure et résistante, fortement gommée, et cette larve est assez habile pour recouvrir sa demeure de débris de lichen de manière à la dissimuler complètement.

La Dicranure queue-fourchue n'est pas rare en mai et juin dans les prairies où se trouvent des peupliers et des saules.

La *Dicranura erminea* est une autre espèce de nos environs, un peu moins grande que la précédente avec les quatre ailes blanches finement ondulées et nervulées de noir et l'abdomen presque noir avec l'extrémité blanche.

La chenille vit sur les saules, les peupliers et les trembles. Sa coque est semblable à celle de *D. Vinula*.

La *D. Erminea* est assez rare.

Citons encore la *Dicranura furcula*, ou *Petite Queue-fourchue*, n'ayant que 38 millimètres d'envergure. Elle est grise avec une large bande sépia sur l'aile supérieure, et une tache de même couleur au sommet de l'aile. Chenille verte avec le dessus ferrugineux bordé de jaune. Sur les saules marsault en été et en automne; fait en octobre une coque ligneuse.

Les *Harpya* sont des papillons grisâtres, ressemblant à des Noctuelles, mais leurs chenilles sont très remarquables. Celle d'une assez grande espèce, *Harpya fagi*, a un aspect absolument étrange. La seconde et la troisième paire de pattes écailleuses sont très longues et très grêles, semblables à celles d'un papillon. Trop faibles pour servir à la marche, elles obligent l'animal à porter les premiers anneaux de son corps relevés. Ses anneaux boursouflés sont séparés par de profondes commissures et portent en dessus une saillie de forme triangulaire terminée par un tubercule recourbé, les deux derniers sont encore plus renflés, et le dernier porte une paire de pattes anales modifiée en deux filaments. Les vieux auteurs, observant la manière dont cette chenille se tient redressée en laissant pendre ses longues pattes, l'avaient appelée l'*Écureuil*. C'est la *Noctuelle homard* des Anglais (*The Lobster Moth*) (fig. 42).

La chenille de la Harpye du hêtre est rouge brique avec des lignes obliques noires. Elle vit à la fin de l'été sur le hêtre et le chêne, le noisetier, le bouleau, et même sur les arbres fruitiers. Elle se file entre les feuilles un léger cocon. Le papillon assez grand (40 millimètres, mâle; 50 millimètres, femelle) et brun varié de gris; paraît au commencement de l'été dans les bois.

Une autre *Harpye*, l'*Uropus Ulmi*, petit papillon gris à ailes inférieures blanchâtre; possède une chenille aussi remarquable. Ses pattes anales allongées et dures sont terminées par un appendice rétractile portant une couronne de crochets. Cette chenille se chrysalide en terre au pied des ormes.

Une espèce rare en France, plus abondante en Allemagne, est la *Harpya* (*Hybocampa Milhauseri*), dont la chenille n'a plus les pattes allongées ni les filets anaux des précédentes. Elle se fait sur les hètres une coque ligneuse très dure difficile à détacher. M. Girard attribue la grande rareté de l'espèce au massacre qu'en paraissent faire les pics, qui les découvrent et les percent pour manger la chrysalide. Le papillon est gris avec quatre taches noires sur l'aile supérieure, dont la base est blanchâtre, et une au bord de l'aile inférieure.

Les *Notodonta* ont des chenilles qui, pour ne pas être aussi étranges que celles des *Harpya*, ne laissent pas que d'être assez bizarres. Les anneaux du milieu de leur corps sont relevés en bosse tandis que le onzième est surmonté d'une pyramide. Quand ces larves ne marchent pas, on les voit se tenir sur les pattes du milieu relevant, leurs derniers anneaux et tenant leur tète renversée en arrière.

Notodonta zigzag; le *Bois veiné.* 38 millimètres d'envergure. Ailes supérieures brun clair bordées finement de brun, une tache brune s'appuyant sur une tache grise à leur sommet; inférieures grisâtres. — La chenille, violet pâle, vit sur les peupliers, les saules, les chênes en été et en automne; file un cocon soyeux entre les feuilles. Papillon en mai et juin, puis en août et septembre.

N. Tritophus. Un peu plus grande; ailes supérieures brun clair varié de brun foncé; les inférieures blanchâtres avec une tache brune au bord interne. — *N. Dictæa* (*la Porcelaine*). Blanchâtre. Les ailes supérieures avec le bord inférieur et la côte jaspés de brun, une tache brune au bord inférieur des ailes inférieures. Chenille verte ou rose, sur les peupliers. — *N. dictæides*, beaucoup plus claire et moins grande. — *N. camelina.* — *N. Palpina*, etc.

Citons encore une jolie espèce toute blanche, de la taille et de l'aspect d'un *Liparis chrysorrhea* avec une tache orange en forme d'Y sur les ailes supérieures (*Peridea bicoloria*).

Le genre *Pterostoma* est remarquable par ses palpes d'une longueur démesurée, *P. palpina*, ou le *Museau*. Espèce entièrement jaunâtre, avec des bandes diffuses obscures sur les ailes; l'abdomen très allongé est terminé chez le mâle par un faisceau de poils fourchu. Commun au printemps et en été; la chenille vit sur le saule et le tremble.

Les *Ptilophora* ont les antennes très pectinées, plumeuses. *P. plumigera*, espèce de taille moyenne, roux fuligineux. Les antennes du mâle longues et plumeuses, celles de la femelle simples. France centrale et orientale.

Les *Pygérides* sont des *Notodontes* massives, à tête petite et abritée sous le thorax qui est large, robuste et court. L'abdomen, long, est terminé par un bouquet de poils. Les chenilles n'ont rien de remarquable. Les principaux genres sont : *Diloba*, *Pygæra* et *Clostera*.

Les *Diloba* font le passage entre les vraies *Notodontes* et les *Pygérides*. *D. cœruleocephala*, dont la chenille est parfois nuisible aux arbres fruitiers.

La *Pygæra bucephala* est un beau papillon de 55 millimètres d'envergure. Le corps et les ailes inférieures jaunâtres. Thorax gris satiné avec une large tache jaune. Ailes supérieures grisâtres, variées de gris argenté avec des bandes étroites brunes. Au sommet, une tache arrondie, grande, d'un jaune clair varié de jaune foncé. Cette tache a fait nommer cette espèce le *Porte-écu jaune*.

Chenille jaune avec des bandes et points noirs et des touffes de poils blancs, sur les saules, les ormes, etc., en septembre et en octobre. Le papillon paraît en mai et juin.

La chenille du *Porte-écu jaune* est parfois nuisible aux ormes, qu'elle dépouille complètement de leurs feuilles.

Sur le chêne liège et l'yeuse et même l'arbousier vit, dans le midi de la France, la chenille d'une espèce voisine, *P. bucephaloïdes*, ayant une tache jaune de plus aux ailes supérieures. Sur les peupliers, parfois très commune, vit la chenille d'une autre Pygéride, *Clostera anachoreta*.

Citons encore le *Clostera curtula*, espèce abondante dans les prairies à saules et à trembles, gris rougeâtre clair avec le sommet des ailes supérieures roux. — Le *Clostera anachoreta* est grisâtre avec le sommet des ailes supérieures brun et un point noir au-dessous.

En quittant les *Notodontes* n'oublions pas de citer une variété recherchée par tous les amateurs, c'est le *Clostera Timon* de Russie, et qui paraît en mai et juin. Avis aux entomologistes qui se décideraient à se mettre à sa recherche ; cette Notodonte habite aussi la Moravie.

Convient-il de placer les *Uraniens* avant ou après les *Noctuelles*, voici une question controversée et dans laquelle nous nous abstenons de prendre parti. Mais comme nous commencerons notre énumération de Noctuelles par les *Érèbes*, il ne nous a pas paru imprudent de placer ces beaux papillons entre les *Bombyciens* et les *Noctuelles*. Des naturalistes autorisés, et parmi eux M. Mabille, rapprochent les *Uraniens* des Noctuelles, et M. Girard les considère « comme un rameau singulier qui part à la fois des *Attaciens* et des *Phaléniens* réunis pour se rapprocher du type *Erebus* des Noctuelles. »

Les *Uraniens* sont des papillons de grande taille, étrangers à l'Europe, dont les ailes sont heureusement diaprées de couleurs éclatantes, rehaussées par des bandes de velours noir. Ils sortent en plein jour et leur vol rapide les porte au sommet des plus grands arbres.

La forme générale de leur corps rappelle les *Papilio*, dont ils se rapprochent par leur allure élancée et les queues allongées qui terminent leurs ailes inférieures.

Les chenilles sont allongées et lisses, ayant seize pattes ; leur corps est souvent orné de poils longs et clairsemés.

Elles filent des cocons grossiers, à claire-voie, dans lesquels elles se changent en une chrysalide courte et obtuse, de contours arrondis.

Les principaux genres sont *Urania*, *Cydimon* et *Nyctalemon*.

Le genre *Urania* est de Madagascar et représenté par une admirable espèce, le plus beau peut-être des papillons connus.

U. Ripheus. Enverg. 8 centimètres, mâle. Les quatre ailes sont en dessus d'un beau noir de velours avec de larges bandes transversales vert métallique, la base des supérieures sablée de ce ton brillant. La moitié extérieure des ailes inférieures est vert métallique se continuant près du bord interne en rouge cuivreux à reflets vermeils et pourprés. Le bord des ailes inférieures, frangé de blanc, est profondément découpé et se termine inférieurement en trois queues d'inégale longueur. La femelle, plus grande que le mâle, mesure près de 11 centimètres; la tache cuivreuse des ailes inférieures est plus dorée; sans reflets pourprés.

Les *Cydimon* habitent la Guyane et le Brésil. *C. Leïlus* et *Brasiliensis*. Belles et grandes Uranies d'un noir de velours tigré de vert métallique et dont les ailes inférieures se terminent en une longue queue blanche ainsi que leur frange. D'autres ont, sur cette livrée déjà si riche, des taches cuivreuses surajoutées au bord interne de l'aile inférieure. *C. Sloanes*. Jamaïque.

Les *Nyctalemon*, d'aussi grande taille que les *Urania* et les *Cydimon*, sont de couleurs moins éclatantes. *N. Orontes*, des Moluques, de velours bleu et noir; *N. Patrocles*, iles de la Sonde et Cochinchine, encore plus foncé.

CHAPITRE IX

Les Hétérocères (*suite*). — Les Noctuelles.

La majorité des Noctuelles fuit la lumière du jour; cependant certaines d'entre elles, bravant les ardeurs du soleil, volent en plein midi dans les endroits les plus découverts. Mais, à la nuit, on les voit se presser en foule, bourdonner, tourbillonner autour des lumières, et surtout des lampes à réflecteur, dont la clarté paraît avoir pour ces papillons un attrait irrésistible. Ils s'acharnent, volant lourdement, donnant de la tête contre les vitres des lanternes, les verres des lampes, jusqu'à ce que la flamme finisse par les atteindre et les dévorer.

Les Noctuelles sont très nombreuses en espèces : il en existe 2500 et, en France seulement, nous en comptons plus de 500, réparties en 120 genres environ. Ce sont des papillons de taille moyenne, souvent petite, très rarement grande, bien que ce soient parmi eux que nous trouvions les plus grandes formes connues (*Érèbes*). Leur thorax est souvent orné de crêtes poilues, tout leur corps est robuste et velu. Leur tête porte souvent des ocelles (stemmates ou yeux simples). La trompe est toujours bien développée et les palpes assez longs dépassent la tête. Leurs antennes, presque toujours filiformes, le sont parfois dans les deux sexes, mais en général le mâle les offre plus épaisses que la femelle, et plus dentelées ou ciselées. Elles sont de la longueur de la moitié de l'aile supérieure. Les pattes de Noctuelles sont intermédiaires comme forme entre celles des *Bombyx* et des *Géomètres*. Sans être courtes et couvertes d'une épaisse fourrure comme chez les premiers, elles ne sont ni longues ni grêles comme chez ces dernières, mais assez fortes, avec le fémur et le tibia velus. On remarque au côté interne des tibias de la première paire une sorte de plaque chitineuse pointue dont on ne connaît pas l'usage, d'autant que cette apophyse existe dans les deux sexes. Ces pattes de la première paire sont dépourvues d'éperons; il n'en est pas de même des intermédiaires et des postérieures, qui portent, les premières une paire, les secondes deux paires de ces appendices.

Les tarses grêles, à cinq articles dont le premier plus long que les autres, sont annelés généralement de brun et portent à l'extrémité des petits crochets, servant à l'insecte à se cramponner au plan de position, surtout s'il est vertical ou renversé.

Les ailes des *Noctuelles* méritent d'attirer notre attention, car elles présentent aux ailes supérieures des dessins et des taches que l'on retrouve modifiés dans toutes les espèces.

« Près de la base de l'aile, disent les auteurs du Brehm, passe la *demi-ligne transversale;*... puis les deux *lignes complètes antérieure* et *postérieure* ou *lignes médianes* qui limitent l'aire médiane. Dans cette aire peuvent se trouver trois taches de nuances différentes (*macules*) : la *tache annulaire* ou *orbiculaire* dans la cellule médiane, la *tache réniforme* sur la nervure transversale, pourvues toutes deux généralement d'un noyau clair, et la tache en *zig-zag* ou *claviforme*, moins constante et plus foncée. Lorsque entre les deux premières la surface de l'aile est traversée par une teinte plus sombre, celle-ci porte le nom d'*ombre médiane*, ce qui indique qu'il n'y a pas de limites tranchées. Dans l'aire marginale, et la traversant à peu près en son milieu, on remarque la *ligne subterminale* ou *ondulée* sur laquelle on observe souvent deux angles contigus (≍), très nets, qu'on nomme la *marque* en *W* ou en *M;* les quelques traits foncés qui rayonnent de la ligne ondulée vers la pointe, s'appellent les *traits sagittés*. Il n'est pas besoin de signaler dès à présent que ces signes ne se retrouvent pas tous sur chaque aile. L'aile postérieure, plus courte et plus large, se trouve le plus souvent dépourvue de marques et de couleur sombre ; généralement elle s'obscurcit vers la lisière plus que vers la base. Lorsqu'elle est d'une nuance plus claire (jaune, rouge, bleue) généralement les marques n'y font pas défaut, fussent-elles réduites à une simple bande noire marginale. »

Nous avons dit que c'était parmi les Noctuelles qu'il fallait chercher les plus grands papillons connus ; en effet, si parmi les *Attacides* ou *Saturniens* nous trouvons le gigantesque *Attacus Atlas* dont l'envergure atteint 25 centimètres, une Noctuelle de la famille des *Érébides* dépasse même 30 centimètres.

Dans ce groupe viennent se ranger les *Ophidères*, ces curieux papillons armés d'une trompe perforante, qui attaquent les oranges dans les Indes orientales, les îles de la Sonde, en Australie et à Madagascar.

Les *Ophidères* sont de belles et grandes Noctuelles dont les ailes supérieures grises, variées de brun et de noir, recouvrent dans le repos les ailes inférieures généralement d'une belle teinte jaune ou orangée, variée de noir. Leurs chenilles ont la première paire de pattes atrophiée. Elles se chrysalident dans une feuille roulée et attachée par quelques fils de soie.

Ces Noctuelles appartiennent à la famille des *Catocalines*, il en est de même de la *Mania maura*. C'est à cette famille qu'appartiennent les *Lichénées* ou *Catocala*, qui comptent parmi les plus grandes et les plus belles espèces de nos pays.

Dans les *Catocala*, les ailes supérieures grises, ondées de fascies plus obscures, portent les marques caractéristiques des Noctuelles ; les ailes inférieures, généralement rouges, jaunes, rarement bleues, sont largement bordées de noir, avec quelques taches de ce ton.

C. nupta. Grise avec les ailes inférieures rouge carmin, frangées de blanc, et une large bordure noire. Beaucoup d'espèces voisines se distinguent par la forme de la bande et des taches noires (*C. elocata*, *C. sponsa*, etc.).

C. fraxini (*Lichénée bleue*), la plus grande des Noctuelles d'Europe, atteint jusqu'à 10 centimètres d'envergure. Ses ailes inférieures sont bleues. Espèce peu commune. Le papillon se trouve pendant tout le mois de septembre le long des troncs des peupliers ou des trembles. On le prend parfois sous les chaperons des murs.— Chenille gris blanchâtre; en juin et juillet, sur les peupliers et les trembles. Toutes les chenilles des Catocalides appartiennent au dernier groupe, c'est-à-dire qu'elles sont demi-arpenteuses. Elles se filent un léger cocon entre les feuilles ou les écorces et s'y transforment en une chrysalide arrondie, recouverte d'une pruinosité blanche ou bleuâtre.

Les Noctuelles du genre *Acronycta* ont les antennes assez courtes et filiformes dans les deux sexes. Les pattes sont courtes; l'aspect général de ces papillons rappelle celui des *Bombyx*. Leurs chenilles, à livrée très bariolée, portent des bouquets de poils. Certaines d'entre elles se rendent nuisibles en dévorant les feuilles des arbres; ainsi celle de l'*A. aceris* sur les platanes, celle de *A. bidens* sur les arbres fruitiers, et celle de *A. Psi* sur les ormes, les rosacés, etc.

Les espèces du genre sont grises, mélangées de noir ou de brun. L'*A. aceris* est d'un gris blanchâtre avec du jaune aux ailes supérieures mélangé de brun. La chenille est jaune avec des taches blanches entourées de noir sur le dos et des bouquets de poils jaunes; elle vit sur les platanes, parfois sur les chênes. Dans nos villes, elle dépouille parfois entièrement les marronniers d'Inde de leurs feuilles.

Fig. 89. — Catocala fraxini au vol ; Catocala nupta et sa chenille Catocala paranympha, Ophiusa Algira.

Diphthera Orion; l'Avrilière. Jolie petite Noctuelle dont les ailes supérieures sont vertes avec des dessins noirs et blancs. La chenille, semblable à celle d'un Liparis, avec de larges taches jaunes sur le dos et des tubercules roux, vit sur le chêne en août et septembre. On rencontre le papillon en mai et juin sur les chênes.

Les Noctuelles proprement dites renferment la grande majorité des espèces de notre pays. Tout en nous efforçant de citer les principaux genres, nous nous attacherons particulièrement aux espèces les plus remarquables et surtout à celles dont les dégâts doivent attirer trop souvent l'attention des cultivateurs.

Les chenilles appartiennent à celles du second groupe, dont nous avons esquissé les principaux caractères et les mœurs.

Les *Leucania,* représentées par de nombreuses espèces, sont d'une taille médiocre, entre 30 et 35 millimètres, généralement roussâtres, avec les ailes inférieures grises, leur dessous luisant et brillant, comme argenté. *L. albipuncta,* le *point blanc.* Ailes supérieures gris roussâtre avec un point blanc. Commune en juin et septembre dans les bruyères, les prairies. La chenille vit de graminées. *L. pallens,* la *blême.* Ailes supérieures rousses avec trois points noirs en triangle. *L. riparia, conigera,* etc.

Les *Nonagria,* ou Noctuelles de roseaux ou des joncs, ont des mœurs assez singulières. Leurs chenilles vivent à l'intérieur des roseaux, des joncs, ou des cypéracées. Sorties des œufs que la femelle a déposés sur les feuilles ou sur les tiges, les jeunes chenilles commencent à percer les parois de la tige fistuleuse et finissent par ménager un trou par lequel peut passer leur corps.

Elles pénètrent alors dans le jonc, vivant de la substance du centre de la tige. Elles avancent de haut en bas ou de bas en haut, et lorsqu'elles trouvent un nœud trop dur qui les arrête, elles percent la paroi, ressortent, et s'en vont percer quelque autre tige; elles agissent de même si une tige n'a pas suffi à les alimenter avant qu'elles aient pris toute leur croissance. Lorsque le moment de la nymphose est arrivé, ces chenilles se métamorphosent dans la tige fistuleuse qui les a hébergées et nourries, mais avant que de se chrysalider, elles ont soin de pratiquer un trou ovale dans les parois de la tige, ne laissant qu'une mince pellicule, facile à rompre pour le papillon qui, lors de son éclosion, la défonce avec sa tête.

La chrysalide est entourée d'une coque formée de débris de la plante réunis par quelques fils de soie et renforcée à chaque bout par un tampon épais bouchant le conduit, et formant ainsi une cellule. Cette chrysalide est étroite et allongée, comme l'adulte.

Nonagria paludicola. Envergure 30 millimètres. D'un fauve testacé ou ferrugineux, plus ou moins lavé de brun. Les ailes inférieures portant en leur milieu une tache blanche entourée de noir. *N. typhæ*, plus grande ; 39 millimètres. D'un jaune brun passant au gris rougeâtre, les ailes supérieures ont leurs nervures blanches ; les taches ordinaires chez les Noctuelles sont claires, bordées de noir et se rejoignant par le bas, la réniforme bien marquée. On ne peut guère se procurer les papillons qu'en emportant les roseaux attaqués. On reconnaît qu'un roseau renferme une ou plusieurs chenilles lorsque les feuilles sont mortes en partie ; on le coupe au pied et l'on voit à l'intérieur le conduit cylindrique percé par la chenille. Ces chenilles sont souvent victimes d'un Ichneumon qui sait parfaitement les découvrir malgré leur vie cachée. Cet Ichneumonide est l'*Exephanes occupator*.

Les *Mamestra* sont des Noctuelles épaisses, à ailes foncées, luisantes, couvertes de taches et de lignes nébuleuses, mais néanmoins assez distinctes. A ce genre appartient la *Noctuelle du chou, Mamestra brassicæ*, dont on ne rencontre que trop souvent les chenilles d'un gris plus ou moins jaune ou même bronzé, dans les têtes de choux.

Ces larves nuisibles s'installent plusieurs dans l'intérieur des choux et ont bientôt fait de les percer et de les ronger. Quand elles ont bien satisfait leur appétit et que le moment de la nymphose est arrivé, elles quittent la plante nourricière, s'enterrent au pied et passent l'hiver à l'état de chrysalide pour éclore en mai.

Le papillon a les ailes supérieures brun foncé, nuancées de jaunâtre, avec les taches bien marquées : la réniforme est bordée de blanc, la claviforme bordée de noir. Les ailes inférieures sont grises avec une marque brune sur le disque. Cette Noctuelle est très commune dans les jardins, le soir sur les fleurs des plates-bandes en mai, surtout en août. La chenille, appelée par les jardiniers *Ver de cœur*, peut être grise, verte ou noirâtre, même bronzée avec une bande longitudinale jaune sur chaque flanc, chaque anneau portant aussi un trait oblique noir. Dans les choux, parmi lesquels cette espèce fait parfois d'assez grands dégâts.

Un genre voisin, *Xylophasia*, se reconnaît aisément à ses ailes oblongues, dentelées, à dessins longitudinaux. L'abdomen est allongé et sa fourrure forme une crête. La *X. Polyodon* ou *Monoglyphe* n'est pas rare en juin et juillet, jusque le long des murs des cours.

La famille des *Noctuides* contient des espèces très nuisibles aux céréales, et sur lesquelles nous appelons l'attention. Deux surtout sont particulièrement malfaisantes, car leurs chenilles souterraines rongent les racines, et les plantes ainsi attaquées ne tardent pas à mourir. Ce sont les *vers gris* des agriculteurs. Toujours grisâtres, ces chenilles vivent cachées en terre et s'y chrysalident. On recommande de tasser fortement la terre autour des plantes attaquées, afin d'empêcher les papillons de sortir et de pouvoir ainsi arrêter la multiplication de l'espèce.

Agrotis segetum; la *Moissonneuse*.

Cette Noctuelle si nuisible a 40 millimètres d'envergure; la femelle, plus grande encore, atteint 43. Les ailes supérieures sont roussâtres ou brun grisâtre, avec les taches bien marquées et cerclées de noir; les inférieures sont grises blanchâtres avec une fine bordure noire; elles sont plus enfumées chez la femelle. La chenille, d'un brun sale varié de gris et de vert, est assez brillante. Elle vit d'août à octobre enterrée dans les champs, rongeant les racines des raves, des choux, des betteraves, auxquelles elle est souvent très nuisible : elle perfore encore les pommes de terre, qu'elle ronge jusqu'à les évider entièrement, et attaque aussi les choux. Dans les jardins, pour être moins nuisible, elle n'en est pas moins importune; s'en prenant aux racines des dahlias, des balsamines, des reines-marguerites, elle procure aux jardiniers les plus tristes surprises. Elle vit en avril, mai et juin, et passe souvent l'hiver avant de se métamorphoser. Le papillon paraît en mai, mais surtout pendant l'été; on le rencontre même en automne.

Une autre espèce d'*Agrotis* mérite la même réprobation que la *moissonneuse*, c'est l'*A. exclamationis*. Les ailes supérieures sont dans cette espèce brun roussâtre, la tache réniforme grande et brune, l'orbiculaire est circulaire et de la couleur du fond, la claviforme allongée et noire. Les ailes inférieures d'un blanc sale chez le mâle, d'un gris bleu chez la femelle. Le papillon est encore plus abondant que le précédent; on le prend pendant toute la belle saison dans les jardins, les champs, les prairies, où il vole même en plein jour. La chenille, ressemblant beaucoup à celle de *segetum*, attaque les mêmes plantes et se plaît à ronger les racines des laitues, des chicorées, des artichauts. Aussi est-elle peu aimée des maraîchers qui l'enveloppent avec la précédente dans la même aversion sous les noms de *Ver court*, *Ver gris*, *Court ver*.

Les *Triphæna* sont de grandes Noctuelles à ailes supérieures brun grisâtre, plus ou moins variées de gris et de brun, à ailes inférieures jaunes avec une large bordure noire. Les chenilles, nocturnes, passent la journée cachées sous les pierres ou les feuilles sèches, ne vivant pas enterrées comme celles des *Agrotis*. La chenille de la *Triphæna pronuba* est très nuisible dans les potagers, attaquant le cœur, le collet et les feuilles des choux, rongeant les oseilles, les laitues, les choux-fleurs, etc. Le papillon, de grande taille, 60 millimètres d'envergure, aux ailes supérieures d'un brun mêlé de gris jaunâtre, aux ailes inférieures jaunes bordées largement de noir, est très commun pendant tout l'été et l'automne dans les bois, où il vole en plein jour. Une espèce voisine, encore plus funeste aux potagers, est la *T. Orbona*, moins grande que la précédente. Citons encore *T. Subsequa*, *Fimbria* et *Ianthina*, toutes de nos environs.

La famille des *Orthosides* a pour caractères principaux chez les papillons des palpes grêles et incombants, et la tache réniforme toujours noircie inférieurement. Les mâles ont les antennes finement poilues et ciliées, tandis que chez les femelles elles ne portent que des cils isolés. La trompe est moins longue chez les Noctuelles précédentes. Les ailes ne sont pas denticulées, leur sommet est souvent aigu.

Les chenilles des *Orthosides* ont seize pattes, et vivent cachées pendant le jour. Elles appartiennent donc à la seconde division. Elles sont en général bien colorées, veloutées, et lisses. Les chrysalides sont enterrées et leur logette est tapissée de soie formant autour d'elles un cocon lâche et ovale.

Les *Trachea* ont l'apparence de *Bombyx*. Leur tête petite, ornée chez les mâles d'antennes ciliées, est cachée sous un vigoureux thorax revêtu, ainsi que l'abdomen, d'une épaisse fourrure. Leurs palpes sont courts.

La seule espèce du genre (*T. Piniperda*) est une jolie Noctuelle, de 32 à 35 millimètres d'envergure, dont les ailes sont élégamment mouchetées et bariolées. Les supérieures sont d'un ferrugineux vif avec les nervures blanchâtres, et estompées de jaune et de brun verdâtre tant au milieu qu'à l'extrémité. Les taches ordinaires sont blanches obscures inférieurement. Les ailes inférieures sont noirâtres bordées de blanchâtre. Le thorax est rouge et blanc et l'abdomen grisâtre. Le papillon se prend en mars et en avril sur les chatons des saules ou en battant les pins. La chenille, verte avec trois lignes sur le dos blanches, et une le long de chaque flanc ferrugineux, vit en mai et juin sur les pins et les sapins.

Elle est parfois fort nuisible, et si elle ne fait pas de grands dégâts dans nos forêts, c'est que l'espèce est bien moins abondante qu'en Allemagne.

Les *Xanthia* ont les ailes supérieures jaunes. Ce sont des Noctuelles de taille moyenne et dont les chenilles épaisses et courtes vivent dans les chatons ou les fruits de certains arbres, surtout des saules, des peupliers et des ormes. La *X. fulvago* est commune dans toutes les prairies où croissent les saules-marsault sur lesquels vit sa chenille. *X. citrago*, en septembre, sur les tilleuls. *X aurago*, espèce du Nord et de l'Auvergne, sur les hêtres. *X. Gilvago*, en septembre, sur les Ormes.

Les *Cosmides* sont des Noctuelles de moyenne taille; les chenilles d'un certain nombre d'entre elles présentent cette singularité de mœurs d'être carnassières. Non pas qu'elles vivent de proie, mais elles semblent obéir à un instinct de destruction en dévorant en liberté les chenilles plus faibles qu'elles lorsqu'elles les rencontrent sur leur chemin. En captivité ces mauvais instincts ne font que s'accroître, et non seulement elles vont, dans les boîtes d'éducation où un entomologiste imprudent les a renfermées, massacrant les chenilles d'autres espèces, mais encore elles s'attaquent entre elles, et la plus vigoureuse ne tarde pas à rester seule au milieu des cadavres lacérés ou vidés de ses victimes.

Dans le genre *Dianthœcia* nous trouvons de jolies Noctuelles de couleurs variées et tranchées. Les ailes supérieures sont festonnées, les inférieures entières. L'abdomen se termine chez les femelles par une sorte de tarière saillante qui leur sert à pondre leurs œufs dans l'intérieur des fleurs des Caryophyllées. Les chenilles sortant de ces œufs vivent dans l'ovaire, qui devient le fruit capsuleux de ces plantes. Lorsque la chenille a rongé toute les graines contenues dans la capsule, elle émigre sur un autre fruit et ne tarde pas y pénétrer pour recommencer un nouveau repas, surtout dans les plantes de petite espèce, car si le fruit est assez grand pour la nourrir pendant toute sa vie de larve, la chenille n'a garde de quitter le fruit où elle se goberge en toute sûreté, ayant le vivre et le couvert, protégée contre la tarière des Ichneumons par l'épaisseur des parois de sa demeure. Si elles vivent sur quelque Caryophyllée à petits fruits, *Silene*, *Dianthus*, les chenilles arrivées à une certaine taille continuent à trouver leur nourriture, mais non plus le logement. Elels passent alors la journée enterrées au pied de la plante nourricière et ne sortent qu'à la nuit pour se nourrir.

Les chenilles des *Dianthœcia* se chrysalident en terre dans une coque de petits graviers grossièrement agglutinés ou reliés entre eux par quelques fils de soie, et passent l'hiver dans leur enveloppe de nymphe.

Les papillons éclosent au printemps et butinent sur les fleurs des plantes qui les ont nourris à l'état de larve.

D. compta; l'*Arrangée.* Envergure 31 millimètres. Ailes supérieures bleuâtre foncé, frangée de blanc ; à la base, une tache blanche et une lunule jaune ; sur le disque, une bande blanche, et sur elle la tache orbiculaire et la réniforme se détachent en noir ; les deux lignes médianes sont noires, lisérées de blanc intérieurement, la ligne subterminale jaune. Ailes inférieures gris foncé avec un point jaune près du bord interne. Le corps est noirâtre avec le thorax varié de blanc. En mai et juin, dans les jardins, autour des œillets.

La chenille est grise avec une ligne brune sur le dos; elle vit en juillet sur les œillets.

Le genre *Polia* nous offre une espèce nuisible dans les jardins, où sa chenille dévore les fleurs des laitues et des romaines qu'elle fait avorter; elle ronge aussi les graines. *P. Dysodea.* Taille de la précédente. Gris clair varié de jaunâtre. — La chenille est verdâtre ou rougeâtre. Une autre espèce moins nuisible, aussi commune, est la *P. Serena*, dont la chenille vit sur les Chicoracées.

La *Phlogophora meticulosa* est une jolie Noctuelle trop commune dans nos environs, et d'un aspect trop spécial pour que nous omettions de la citer. Elle a les ailes supérieures dentelées, jaune fauve, avec le disque fortement marqué de fauve et de brun olivâtre. Les ailes inférieures sont de la couleur du fond des supérieures, mais plus pâle. Le dessus du thorax est orné d'un crête tranchante formée par des poils, et qui, déprimée en son milieu, figure une selle. Commune en mai et juin, puis en août et septembre.

Les Noctuelles du genre *Hadena* n'ont pas les antennes pectinées, les mâles les ont parfois ciliées; leurs palpes sont ascendantes. Le corps est robuste, le thorax carré, le collier orné d'une crête. Les ailes supérieures, légèrement dentées, ont les taches ordinaires nettement distinctes, la ligne subterminale ondulée formant dans son milieu un ≊ très apparent.

Les chenilles sont lisses, souvent de couleurs vives, leur corps est cylindroïde, leur tête globuleuse; elles vivent dissimulées et se nourrissent de plantes basses et potagères, ce qui rend certaines espèces nuisibles.

H. oleracea; la *Potagère.* Envergure 34 à 38 millimètres. Ailes supérieures ferrugineuses, la ligne ondulée ou subterminale blanche est repliée en son milieu en forme de ≊. La tache orbiculaire est bordée de blanc, la réniforme rougeâtre. Les ailes inférieures d'un gris jaunâtre clair, finement bordées de noir au bord extérieur. Le papillon est très commun toute l'année dans les jardins où vit sa chenille. Celle-ci est verte ou rougeâtre avec une ligne longitudinale jaune ou blanche sur le dos. Vit en juin et en septembre sur beaucoup de plantes potagères. Elle se chrysalide en terre.

H. atripicis. Plus grande, 42 millimètres d'envergure. Les ailes supérieures brunes à reflets violets; la base, l'espace subterminal et les taches ordinaires vert brillant; les inférieures noirâtres frangées de jaunâtre. En juin et juillet.

Ici se placent les *Cucullies*, parmi lesquelles la Noctuelle du Bouillon-Blanc, *Cucullia verbasci*, aux ailes jaunâtres jaspées de brun, qui n'est pas rare dans nos environs.

La famille des *Héliothides* est composée de Noctuelles de taille petite ou moyenne, dont les ailes ont toujours en dessous des taches noires sur un fond clair. Les Héliothides volent en plein soleil aussi bien que le soir.

Chariclea delphinii; l'Incarnat; la Noctuelle du Pied-d'Alouette. Charmante petite espèce, la plus jolie des Noctuelles de notre pays. 30 à 32 millimètres. Ailes supérieures rose tendre, marquées de rougeâtre ou de violet. Les lignes médianes sont claires et lisérées nettement de violet foncé. Ailes inférieures blanchâtres, marquées de rose à leur bord inférieur, avec les nervures et la bordure noirâtres. Le papillon, qui vole en plein jour, se trouve en mai et juin butinant sur les fleurs des jardins, les luzernes et les trèfles dans les prairies.

La chenille est très jolie : rose ou bleue, pointillée fortement de noir, vit sur les pieds-d'alouette et se chrysalide en terre. C'est encore, malgré sa jolie robe, une personne aux instincts sanguinaires qui égorge ses compagnes dans les boîtes d'éducation. Ces chenilles, d'après M. Girard, ne se trouvent que sur les pieds-d'alouette simples, et les variétés roses et bleues paraissent être assorties aux couleurs des fleurs des pieds, sur lesquelles elles vivent.

Heliothis armigera. 38 millimètres. Espèce roussâtre à ailes inférieures jaunâtres; est parfois très nuisible aux chanvres dont sa chenille dévore les graines, aux pois chiches, aux maïs; dans le midi de la France. Une autre espèce est la *Dipsacée* (*H. Dipsacea*), moins grande (30 millimètres). — Les ailes supérieures brun verdâtre, traversées par deux bandes roussâtres réunies près du bord inférieur. La tache réniforme, située sur la première bande, est grande; l'orbiculaire, très petite, n'est indiquée que par un point. Ailes inférieures blanchâtres à reflet verdâtre, noires à la base, avec une tache et la bordure noires, une tache blanche sur la bordure au milieu du bord inférieur. La chenille verte, jaune ou violette, même rougeâtre, avec des lignes longitudinales blanches, vit dans les champs, sur les linaires, en mai et juin, août et septembre. Le papillon vole en plein jour dans les endroits découverts et arides en mai, puis en juillet et en août.

Les *Acontia* ont les mêmes mœurs, mais leurs chenilles sont différentes, car beaucoup d'entre elles sont demi-arpenteuses, et se rapprochent de celles des Phaléniens. Les papillons sont assez petites et de teintes foncées coupées de blanc. *A. luctuosa*, 24 millimètres. Les ailes supérieures noires noires marbrées de brun et de bleuâtre, une grande tache blanche allongée près de la côte; les inférieures noires traversées par une bande blanche avec un point noir au milieu. Cette Noctuelle vole en plein soleil, du mois de mai au mois de septembre, dans les terrains découverts, calcaires, et tous les lieux arides. La chenille a 16 pattes; les autres sont arpenteuses : telle est celle de l'*A. solaris*, jolie espèce un peu plus grande que la précédente, nuancée de brun, de gris et de noir.

Citons ici la belle *Catephia Alchimista* du midi de la France, noire avec le disque des ailes inférieures blanc. Rare.

Les *Plusia*, loin d'être noires, sont de couleur claire, e

leurs ailes supérieures ont de grandes taches à éclat métallique; ce sont les plus brillantes des *Noctuelles*. Leurs chenilles sont arpenteuses, manquant des deux premières paires de pattes ventrales. La *P. gamma*, d'un gris rose varié de gris foncé et de verdâtre, a les ailes supérieures garnies de plaques à reflet vert métallique et portant une marque imitant la lettre Y. Commune toute l'année. — La *P. chrysitis* a sur les ailes supérieures, d'un brun violet, deux larges plaques vert doré métallique, tandis que la *P. festucæ* porte sur les siennes, rougeâtres à pulvérulence d'or, des taches argentées. Les chenilles des Plusia se chrysalident dans des coques légères de soie fixées au pied ou le long de la tige des plantes qui les ont nourries. Les *Brephos* forment passage entre les *Noctuelles* et les *Phalènes*. Ce sont des papillons chez qui les pièces buccales sont à peine développées. Leurs jambes grêles, sans éperons, leur thorax faible, leur corps grêle, les rapprochent des *Phalènes*, ainsi que leurs ailes bien développées. — Mais leurs chenilles à 16 pattes tendent à les rapprocher des Noctuelles, dont les éloignent cependant leurs deux premières paires de pattes membraneuses, plus courtes que les autres et qui les obligent à arpenter.

Fig. 90. — Plusia gamma, chenille et coque.

Il y a deux espèces de *Brephos* en France, *B. Parthenias* et *B. Notha;* une troisième espèce habite l'Allemagne (*B. puella*).

Entre les *Noctuelles* et les *Phalènes* vient se placer la petite famille des *Deltoïdes.* On a donné ce nom à ces papillons à cause de la forme qu'ils affectent dans le repos. En effet, ils ne tiennent leurs ailes ni relevées comme les Rhopalocères, ni en toit comme la majorité des Noctuelles et des Bombyx, ni roulées autour du corps comme les Lithosides, ni étendues comme les Phalènes. Ils ont une façon de rapprocher leurs ailes, sans recouvrir l'une par l'autre, mais en faisant toucher le bord inférieur à leur abdomen, qui leur donne l'apparence de la lettre grecque Δ ou d'un triangle isocèle.

Ces Hétérocères ont les antennes minces et longues, filiformes, ciliées ou très légèrement pectinées chez les mâles; parfois elles présentent des renflements sur le cours de leur longueur. Au contraire de ce que nous voyons chez les *Brephos*, la trompe est bien développée chez les Deltoïdes, quoiqu'elle reste toujours de moyenne longueur, et les palpes longs et grêles dépassent la tête, et, se relevant, se dressent parfois au-dessus. Le corps n'est ni trapu ni vigoureux comme chez les *Noctuelles*, il est frêle et allongé, et jamais recouvert comme chez elles d'une fourrure épaisse et feutrée. Les pattes longues et grêles sont garnies d'éperons, excepté celles de la première paire. Les ailes sont grandes, à forte frange, généralement entières.

Les Deltoïdes sont en général de taille moyenne ou petite, et de couleur grise, blanchâtre, plus ou moins piquetée, variée de noir et de brun. Ils volent en plein jour quand on les inquiète et s'élancent alors d'un vol rapide, mais court, pour se dissimuler aussitôt dans une nouvelle retraite. En somme, ce sont des papillons nocturnes, ne commençant leurs ébats qu'à la tombée de la nuit ; on les voit alors tourbillonner le long des haies dans les champs, ou parcourir les halliers dans les bois.

Leurs chenilles sont allongées, avec les anneaux nettement séparés par de profondes commissures, couvertes d'une fine pubescence. Elles possèdent de quatorze à seize pattes. Elles vivent à découvert sur les diverses plantes dont elles se nourrissent, certaines d'entre elles vivent cachées sous les feuilles sèches. Au moment de se chrysalider, les chenilles des *Deltoïdes* filent un cocon, soit entre des feuilles réunies par quelques fils de soie, soit dans une logette dans la terre.

Les *Hypena* et *Herminia* sont les principaux représentants de ces Hétérocères dans nos environs.

L'*Hypena proboscidalis*, le *Museau*, est une assez grande Deltoïde qui a jusqu'à 38 millimètres d'envergure. Les ailes supérieures sont gris roussâtre, variées de brun et traversées par trois lignes brunes ; les inférieures sont d'un gris clair. Les palpes, plus longs que le thorax, sont droits, dirigés en avant, et forment à ce papillon une sorte de long museau. Le papillon est très commun en été sur les orties, où vit sa chenille.

L'*Herminie barbue*, *Herminia barbalis*, a 30 millimètres d'envergure. C'est un Deltoïde d'un gris rougeâtre avec des lignes brunâtres. Les antennes sont fortement ciliées chez le mâle et filiformes chez la femelle. Les jambes de devant sont garnies, chez le mâle, de pinceaux de poils. Commun dans les bois. La chenille vit parmi les feuilles sèches ; elle se trouve aussi sur les ronces et les chênes.

Ici peuvent se placer les *Gonoptera*, que certains auteurs placent parmi les *Noctuelles*. *G. libatrix*, la *Découpure*. 45 millimètres d'envergure. Les ailes supérieures, très anguleuses et très découpées, sont d'un gris rougeâtre, mêlé de blanc ; les inférieures grises, traversées par une ligne obscure. Les palpes, très longs, sont relevés, et les antennes ciliées. En automne ; peu commune. La chenille, verte avec les anneaux bordés de jaune, une ligne brune le long du dos, une jaune le long des flancs, vit sur les saules et les peupliers en juillet et août. Elle se file un cocon blanc entre des feuilles réunies par de la soie.

CHAPITRE X

Les Hétérocères (*fin*). — Les Géomètres ou Phaléniens; les Microlépidoptères.

Les *Deltoïdes* nous ont offert des formes grêles et allongées, munies de grandes ailes développées. Ces caractères se retrouvent à l'excès dans la famille des *Phaléniens*. Les grandes rames aériennes de ces insectes, d'une étendue la plupart du temps démesurée par rapport au volume de leur corps, leur donnent ce vol tremblotant et vacillant qui suffit pour les faire reconnaître à une grande distance.

Les *Phaléniens* portent aussi le nom de *Géomètres* à cause de la singulière façon de marcher de leurs chenilles, qui paraissent mesurer avec leur corps les espaces successifs qu'elles parcourent sur le sol ou sur les branches. La grande majorité des chenilles *Géomètres* ou *Arpenteuses* est d'une couleur grise ou verdâtre, et leur corps lisse et satiné, relevé de bosses, ou rugueux et imitant les écorces, leur permet de passer inaperçues sur les plantes où elles vivent. Tout le monde a vu ces singulières chenilles restant souvent des heures entières, fixées sur une branche, dans un état d'immobilité complète. L'attitude verticale ou oblique qu'elles affectent dans cette position leur donne tout à fait l'apparence d'une brindille sèche et les rend absolument inappréciables à l'œil dans les buissons dépouillés qu'elles fréquentent à l'automne.

La marche de ces *Géomètres* est tout aussi singulière. La plupart d'entre elles sont obligées, par l'absence de pattes à leurs anneaux intermédiaires, de plier leur corps en une boucle, puis elles se détendent ensuite, ressemblant à un compas s'ouvrant et se fermant pour prendre des mesures successives.

Ces chenilles, au moment de la nymphose, s'entourent de quelques fils de soie dans le pli d'une feuille, ou en réunissent plusieurs de manière à se former un abri plus sûr; d'autres préfèrent s'enterrer au pied de la plante nourricière. Certaines d'entre elles sont fort nuisibles aux arbres fruitiers qu'elles dépouillent de leurs feuilles; leurs dégâts dans les forêts sont moins importants et surtout moins appréciables.

Les papillons sont en général de petite taille, blancs, grisâtres, jaunes ou bruns. Sur ce fond s'étendent de délicats petits dessins plus foncés, formant des taches et des lignes, parfois des fascies ondulées.

Les caractères de cette famille sont les suivants :

Palpes de longueur moyenne, dépassant peu la tête. Celle-ci petite et privée d'yeux simples. Les ailes supérieures ont de onze à douze nervures, dont une marginale interne unique; « exceptionnellement on ne trouve que dix nervures; sur l'aile postérieure, large et garnie de franges courtes, on remarque un crin, deux nervures marginales internes tout au plus, et six ou sept autres nervures. La première nervure marginale interne aboutit généralement vers le milieu du bord interne, et la seconde dans l'angle interne. La nervure marginale antérieure provient de la base et touche généralement la nervure médiane antérieure, peu après sa naissance, sur une petite longueur; ou bien elle émane elle-même de cette nervure, et les classificateurs modernes ont basé sur cette différence-là une de leurs divisions principales. » (Brehm.)

On ne saurait tirer des caractères de famille de la

forme et du volume du corps, très variables, de la longueur de la trompe qui présente toutes les dimensions, encore moins des antennes qui affectent de nombreuses dispositions suivant les genres. Linnée, en décrivant les insectes de cette famille, donna la terminaison *aria* à celles qui ont les antennes pectinées (*Fidonia atomaria*) et la terminaison *ata* à celles qui les ont filiformes (*Abraxas grossulariata*).

Les premières Phalènes, appartenant au genre *Amphidasis*, sont dites *Phalènes Bombycoïdes* à cause de leurs formes robustes, de leur taille assez grande, et de leurs antennes pectinées chez les mâles, filiformes chez les femelles. Les *Amphidasis* n'ont pas de trompe, ce qui les rapproche encore des *Bombyx.* Leur corps est large, court et fortement poilu. Si les femelles sont parfois aptères ou ne présentent que des moignons d'ailes, les mâles ont les leurs grandes et épaisses, les supérieures plus longues.

Amphidasys betularia; Phalène du bouleau. 45 millimètres. Blanche, saupoudrée de gris noirâtre; les deux sexes ailés. Le mâle, plus petit et moins robuste que la femelle, a les antennes très pectinées. Cette phalène est commune en avril, mai et juin; on la voit en plein jour appliquée contre le tronc des bouleaux, elle ne commence à voler que le soir. Sa chenille, brune ou gris verdâtre, vit sur les arbres forestiers, elle s'enterre en octobre pour se chrysalider. L'*A. prodomaria* est moins grande, plus rare aussi; elle vit sur les peupliers, les chênes et les trembles.

Biston hirtarius. 40 millimètres, ailes demi-transparentes brun roussâtre, tachetées et saupoudrées de noir avec des lignes ondulées noires. Chez la femelle les ailes, réduites de moitié, sont enroulées sur leurs bords. Chenille en août et septembre sur les ormes et les tilleuls, se chrysalide sans cocon entre les herbes au pied des arbres. Une espèce, jadis très commune aux environs de

Paris, à Ivry, dans les prairies, est la *Nyssia zonaria*. Le mâle, de 30 millimètres d'envergure, est blanc tacheté de noirâtre avec la côte, les nervures et l'espace terminal des ailes supérieures noires. La femelle n'a que des moignons d'ailes courts, noirs, bordés de blanc. Cette phalène, maintenant disparue de cette localité, se trouve dans le centre et l'est de la France.

La *Phigalia pilosaria* ou *phalène velue* est encore une forme à femelle aptère; les amateurs doivent chasser le papillon au premier printemps, on le rencontre dès le milieu de février appliqué contre les troncs d'arbres. C'est aussi en cette saison qu'il faut rechercher les *Hibernia*, genre à femelles aptères. *H. defoliaria*. Les ailes du mâle sont d'un jaune d'ocre clair avec un point foncé en leur milieu, les supérieures ont le disque largement bordé de roussâtre. La femelle est jaune, tachetée de noir. La chenille brun rougeâtre en dessus, jaune en dessous, vit sur les arbres fruitiers, auxquels elle se rend parfois très nuisible en dévorant leurs bourgeons dès le mois d'avril. Elle s'enterre et passe l'hiver en chrysalide.

Au premier printemps, voire même dans les derniers jours de l'hiver, commencent à voltiger les *Hibernia leucophæria*, *aurantiaria* et *progemmaria*. La première blanchâtre, et les deux autres de couleur jaune. Les femelles n'ont que des moignons d'ailes, assez longs chez *progemmaria*.

L'*Anisopteryx æscularia* est commune partout en mars; c'est un papillon de 34 millimètres, d'un gris-brun soyeux avec des bandes noires brisées ; la femelle, aptère, est brun clair; l'abdomen terminé par une brosse soyeuse. — Chenille sur les arbres des forêts. — *A. aceraria*, plus petite, roussâtre, avec des lignes sinueuses brunes. — Femelle aptère. — Le papillon éclôt dès le mois de novembre.

Les Phalènes de la division des *Larentides* ont les antennes filiformes dans les deux sexes; leurs palpes dépassent toujours le front. Les femelles sont tantôt aptères ou à courts moignons d'ailes, tantôt ont les ailes seulement plus petites que les mâles. Leurs chenilles filent une coque pour s'y chrysalider.

Une Géomètre parfois très nuisible aux arbres fruitiers est la *Cheimatobia brumata*, dont la chenille vit entre les bords des feuilles réunis avec des fils de soie. Cette chenille vit au printemps sur tous les arbres des vergers; on la reconnaît à sa tête brune et luisante, à sa robe verdâtre avec une bande brune bordée de blanc le long du dos, et une ligne claire le long des flancs. Elle se métamorphose, en juillet, dans une petite coque enterrée. Les papillons sortent vers novembre de leur coque et les femelles aptères grimpent après les arbres pour pondre. On a trouvé contre elles un moyen ingénieux et simple qui consiste à entourer les troncs des arbres, à une certaine hauteur, d'un anneau de papier fort recouvert de goudron. Les insectes ne peuvent dépasser cette zone périlleuse, et ceux qui s'y aventurent ne tardent pas à s'y empouacrer et à y finir misérablement. Ce procédé excellent a donné en Suède les meilleurs résultats : dans un petit espace on a ainsi détruit vingt-huit mille femelles. Tous les goudrons ne sont pas utilisables pour enduire les bandes de papier : « J'ai reconnu moi-même, dit Taschenberg, l'efficacité du mélange de Becker, de Jüterbogk, répandu dans le commerce sous le nom de « colle « des Brumata ».

Le papillon mâle a 30 millimètres d'envergure. Ses ailes supérieures sont brun sale, chargées de nombreuses lignes brunâtres. — Les quatre ailes portent en dessous, sur un fond gris brun, une bande plus claire. Femelle avec des ailes rudimentaires brunâtres avec une ligne noire. Espèce très commune en novembre et décembre. On la voit quelquefois en plein hiver voltiger autour des lanternes et des réverbères, sur les boulevards.

Les *Larentia* présentent les antennes courtes, avec des lames minces (mâles) ou filiformes (femelles). Les palpes dépassent le front. Les chenilles allongées, cylindriques, à tête ronde, vivent sur diverses plantes basses. Ces *Phalènes* habitent principalement les montagnes. — Une espèce se rencontre cependant aux environs de Paris. C'est la *L. viridaria*, 25 millimètres. Verte avec les ailes inférieures grises. Les ailes supérieures, vert tendre, ont en leur milieu une bande diffuse brun verdâtre. — La femelle, semblable, est un peu plus grande. La chenille vit en été sur les *caille-lait*. Papillon en mai, juin et juillet; commun partout.

Les *Eupithecia* sont de jolies Phalènes dont les antennes sont grêles et pubescentes chez les mâles. Les palpes, larges et formant un bec, dépassent le front. Le premier anneau de l'abdomen, relevé, est parfois conique et de couleur plus claire. Les pattes postérieures ont deux paires d'éperons. — Les chenilles ressemblent à des branchettes et vivent sur toutes sortes de végétaux. Les chrysalides reposent tantôt entre des feuilles réunies avec de la soie, tantôt en terre dans une coque.

Ce genre est composé de très nombreuses espèces, très voisines les unes des autres, difficiles à reconnaître, souvent décrites plusieurs fois sous des noms différents. Citons, parmi les espèces les plus communes et les mieux connues, l'*Eupithecia centaureata*. Environ 19 millimètres. Les ailes blanchâtres. Les supérieures allongées, arrondies au sommet avec une grande tache costale gris bleuâtre, traversée par trois lignes noires se continuant jusqu'au bord interne. Un croissant noir sur le disque. Espace terminal teinté de roux et traversé par une ligne blanche, festonnée. La femelle est plus grande. Commune partout pendant la belle saison. Certaines variétés sont blanches, d'autres entièrement gris sombre. — Chenille verte ou jaune avec une ligne rougeâtre le long du dos; sur diverses plantes.

Les *Fidonia* ont les antennes plumeuses chez les mâles. Une belle espèce de la France méridionale, *F. plumistaria*, et dont la chenille vit sur le *Dorycenium suffruticosum*, est particulièrement abondante autour de Montpellier.

Les *Abraxas* au contraire ont les antennes filiformes dans les deux sexes. Ce sont de jolies phalènes dont une espèce est commune dans nos jardins. *A. grossulariata*. La *Phalène du groseillier*, la *Mouchetée*. Elle est assez grande, 40 millimètres d'envergure, avec les quatre ailes blanches, chargées de gros points noirs. Sur les ailes supérieures on remarque deux bandes et la base fauves, sur

Fig. 91. — Urapteryx sambucata ; Melanippe fluctuata, en bas.

lesquelles les points noirs s'étendent aussi. La chenille, d'un blanc sale, a le dessus des trois premiers anneaux jaune et des trois derniers verdâtre. Une ligne de taches noires sur le dos, une ligne rouge le long de chaque flanc. Cette chenille vit sur le groseillier et aussi sur toutes espèces d'arbres fruitiers; elle est parfois nuisible aux groseilliers, qu'elle dépouille de leurs feuilles. Elle se chrysalide entre quelques feuilles réunies par des fils de soie. Papillon commun en juillet et août.

Le genre *Urapteryx* ne contient qu'une seule espèce, une de nos grandes et belles Géomètres, c'est la *Phalène du sureau* ou la *Soufrée à queue*. Comme l'indique son nom, cette Phalène, de 60 millimètres d'envergure, a les ailes inférieures garnies d'une queue courte. — Les quatre ailes sont jaune soufré, les supérieures ayant deux lignes roussâtres; les inférieures, près de leur queue, portent deux petites taches : une rouge entourée de noir, l'autre noire, et une ligne roussâtre. Le corps est jaune. Cette belle Géomètre vole le soir en juin et juillet dans les jardins; on la prend quelquefois autour des becs de gaz (fig. 90).

La chenille longue, très aplatie, ressemblant à une branchette dont elle a la couleur, a deux tubercules sur le cinquième anneau. Vit en septembre sur le sureau et le chèvrefeuille, aussi sur la ronce, le lierre et le prunellier. Elle se file, après avoir hiverné en avril et mai, une coque en forme de hamac, suspendue par des fils aux branches de la plante nourricière.

Certains auteurs placent dans ce genre un papillon nocturne de Colombie, *Micronia Machaonaria*, de 50 à 60 millimètres d'envergure, blanc, avec trois bandes brunes traversant les ailes supérieures, les inférieures terminées en queue. Nous pensons que cette espèce doit accompagner le genre *Nyctalemon*, dans le dernier groupe des *Uranides*.

Les *Ennomides* sont encore de belles *Phalènes* à ailes

dentelées ou anguleuses *E. margaritata*, le *Céladon* de Geoffroy, entièrement d'un vert tendre Mais cette jolie couleur disparaît après la mort, et les individus secs, retirés de l'étaloir, ne présentent plus à l'amateur surpris qu'une triste teinte grise et plombée. Vit dans les bois de chêne en mai ; les individus, paraissant en août, sont beaucoup plus petits.

Une espèce commune dans nos environs, *Venilia maculata*, la *Panthère*, est d'un beau jaune d'or fortement tacheté de noir. — En mai et juin, dans les bois. — La chenille, verte avec deux fines lignes blanches le long du dos, vit sur beaucoup de plantes basses, et s'enterre pour se chrysalider.

Dans les jardins, en mai et juin, on prend parfois, mais rarement, la belle *Pericallia syringaria*, dont les ailes larges et fortement découpées sont jaspées de rose, de lilas, de jaune fauve et de verdâtre. — Les antennes, fortement pectinées chez les mâles, le sont moins chez les femelles. Dans cette phalène, la trompe est rudimentaire et les pattes très courtes. La chenille vit au printemps et en automne sur des plantes ou arbustes de nos jardins : jasmin, lilas, troène et chèvrefeuille. Cette arpenteuse se tient repliée verticalement en boucle, avec la tête relevée, de telle sorte qu'avec ses tubercules saillants elle ressemble à quelques fragments de tige de plante grimpante. Elle se chrysalide dans une coque soyeuse, à claire voie, attachée à une feuille ou à un rameau.

Il nous est impossible de citer les nombreuses espèces de cette immense famille, représentée en Europe seulement par quatre cent quatorze genres, et dont les espèces, réparties dans le monde entier, et encore mal connues dans les pays chauds, sont au nombre de plus de deux mille, dont cinq cents environ habitent la France.

MICROLÉPIDOPTÈRES

Tous les papillons dont nous avons parlé, soit que nous en ayons décrit des formes, soit que nous en ayons indiqué sommairement la distribution géographique ou la répartition en divers groupes, sont enveloppés dans les catalogues allemands sous la dénomination de *Macrolépidoptères*, — ou grands papillons, par rapport aux *Microlépidoptères*, — ou petits papillons, dont nous allons faire une histoire malheureusement trop abrégée.

Ces petits papillons, délicats, de couleurs souvent éclatantes, sont représentés en Europe par plus de deux mille sept cents espèces, réparties en trois cent vingt genres environ. Leur récolte, leur préparation, leur étude présentent les plus grandes difficultés.

La brève étude que nous allons faire de la légion des *Microlépidoptères*, commencera par un aperçu pratique de la préparation de ces délicats petits insectes. Nous indiquerons ensuite les grandes divisions en familles et groupes, puis nous porterons spécialement notre attention sur les espèces trop nombreuses dont les dégâts dans nos vergers, nos bois ou nos ruchers, voire même dans nos vêtements et nos étoffes, nous intéressent plus particulièrement.

Il convient, pour chasser les Microlépidoptères, d'être muni du même attirail que tout collectionneur de papillons, mais il est bon en outre de se munir d'un assez grand nombre de très petites boites en carton pour y déposer ses captures une fois qu'on les aura asphyxiées dans le flacon à cyanure. Mais si l'on peut prendre beaucoup d'espèces soit au vol avec le filet, soit au repos, en prenant bien son temps et en les faisant tomber adroitement dans le flacon à cyanure, le moyen le plus pratique consiste à élever les chenilles. En récoltant judicieusement les fruits, les fleurs, les feuilles attaquées par les chenilles mineuses, les branchettes, les jeunes pousses attaquées par les tordeuses, on aura la satisfaction de voir éclore, dans les boites ou les flacons d'élevage, de jolis et brillants papillons toujours supérieurs en fraicheur et en éclat aux individus pris en chasse.

Une connaissance exacte des mœurs de l'insecte, et de solides notions de botanique sont ici utiles plus que partout ailleurs, voire même indispensables, car la plupart du temps ce n'est qu'en prenant un certain nombre de fruits, de capitules, de gousses de certaines plantes, que l'on a chance d'y obtenir les chenilles d'espèces souvent rares ou difficiles à se procurer.

La préparation de ces petits animaux est fort délicate, et demande une adresse, une expérience, une habileté de main consommée. On se sert d'épingles à insectes très fines pour piquer les grosses espèces, mais pour les petites on est dans l'habitude d'employer de petits morceaux de fil d'argent ou de platine très fin, coupés en biseau aux deux bouts avec une fine pince coupante et avec lesquels on pique délicatement le petit être. On pique avec des pinces fines le fil portant le papillon sur un petit morceau de moelle de sureau, traversé par une épingle, et c'est cette épingle qui sert à fixer la préparation ainsi montée dans les boites de la collection.

L'opération consistant à étaler ces petits papillons présente de grandes difficultés, étant données la taille, la fragilité et la minceur des ailes de la plupart d'entre eux. On se sert pour cette opération délicate de petits étaloirs en bois tendre, dont la rainure est garnie de moelle de sureau. « Il est très facile à construire, dit M. Berce, puisqu'il ne se compose que d'une petite planchette et de deux bandes taillées en équerre, le tout assemblé avec des pointes enfoncées par-dessous ou collé avec de la colle forte. L'intervalle entre les équerres est rempli avec de la moelle de sureau ou de soleil que l'on y fixe avec de la colle. La surface de l'étaloir est plane et non oblique comme dans les grands étaloirs, ce qui permet de la dresser facilement, soit avec un rabot, soit avec une lime; on achève de la polir avec du papier de verre très fin et ensuite en la frottant avec un morceau de talc, dit pierre de Briançon. Cette substance minérale est onctueuse comme un morceau de savon dur, ce qui facilite le glissement des ailes, aussi bien que sur du verre. On fera bien de renouveler cette opération chaque fois que l'on se servira de l'étaloir. La rainure du milieu sera proportionnée à la grosseur du corps de l'insecte, c'est-à-dire qu'elle aura depuis 1 jusqu'à 3 millimètres de largeur; mais il faut surtout observer qu'elle doit toujours avoir au moins cinq à six millimètres de profondeur, quelle que soit la largeur, parce que beaucoup d'espèces de microlépidoptères ont les pattes très longues, et qu'il faut la place pour les loger, sans cela on risque fort de les briser.

« Le bois dont on se servira sera de peuplier; on le choisira exempt de nœuds et de veines, et susceptible d'être bien poli; la longueur de ces étaloirs est de 25 centimètres.

« Le mode d'étalage de M. Fologne, bien que donnant de bons réultats, est d'ailleurs peu connu en France, et son système d'étaloirs en verre nous paraît peu commode. En effet, le moindre choc, la seule vibration causée dans les maisons par les voitures qui passent dans la rue, suffisent pour déranger les petits carrés de verre qui servent à maintenir les ailes, attendu que rien ne les fixe en place. »

Les *Microlépidoptères* se divisent en quatre familles : les *Pyraliens*, les *Tortriciens*, les *Tinéiniens*, les *Ptérophoriens*.

Les *Pyraliens* comprennent les plus grands des Microlépidoptères, à l'exception peut-être des *Halias*, que certains auteurs placent parmi les *Tortriciens* et qui sont de taille et de structure robustes. Les pattes des papillons de cette famille sont longues, grêles avec des écailles et des éperons assez longs. Leurs antennes sont longues, filiformes; leur trompe, de longueur très variable, se redresse entre les palpes avancées et forme une sorte de bec, remontant parfois par-dessus la tête. Chez certains d'entre eux les *palpes maxillaires*, ordinairement rudimentaires chez les autres Lépidoptères, sont très développées, de telle sorte que ce sont des papillons à quatre palpes (*Hydrocampes*).

On retrouve sur les ailes des *Pyraliens* les traces caractéristiques des *Noctuelles*, mais moins distinctes et considérablement réduites.

Les chenilles de ces *Microlépidoptères* sont glabres et lisses, même luisantes, leurs premiers anneaux portant en dessus des plaques cornées. Elles sont agiles et courent rapidement à l'aide de leurs seize pattes, lorsqu'on les inquiète et qu'on les oblige à sortir des feuilles qu'elles se plaisent à rouler en cornet. Certaines d'entre elles s'enfuient encore plus vite et d'une manière plus sûre en se laissant tomber au bout d'un fil de soie qu'elles filent rapidement en descendant, et au bout duquel elles remontent quand le danger paraît passé. La majorité d'entre elles vit sur les arbres dont elles dévorent les feuilles; d'autres habitent dans l'intérieur des tiges; il en est qui passent leur vie dans des galeries soyeuses au milieu des mousses; d'aucunes préfèrent les fruits secs ou même les matières animales, et par une singulière adaptation à un milieu différent, il en est dont l'existence s'écoule sous l'eau, où elles demeurent immergées au pied des plantes aquatiques ou sur leurs feuilles (*Hydrocampides*).

Une espèce est commune dans nos maisons, c'est la *Pyrale de la farine* (*Asopia farinalis*). On dit que sa chenille se nourrit de farine; on la trouve dans les coins mal balayés, au milieu des débris de toutes sortes, dans le son, les vieux morceaux de pain, où elle pratique ses boyaux soyeux. Le papillon de 22 à 25 millimètres d'envergure est brun et jaune, avec les ailes rayées de blanc. D'autres espèces se plaisent dans les greniers à fourrages (*A. fimbrialis*), d'autres dans les détritus végétaux. (*A. glaucinalis*).

Dans les maisons vivent encore les *Aglossa*, dont les adultes, comme leur nom l'indique, sont privés de trompe. La chenille de l'une d'elles vit dans la graisse, et n'est pas rare dans les cuisines malpropres. Le papillon, grisâtre, se rencontre souvent appliqué le long des murs. C'est l'*Aglossa pinguinalis*. L'*A. cuprealis*, d'un brun rougeâtre cuivreux, a les mêmes mœurs.

La famille des *Hydrocampides* nous présente la particularité remarquable de chenilles vivant sous l'eau. Certaines ont des organes de respiration aquatique, et possèdent en dehors de leurs stigmates de véritables branchies; d'autres, dépourvues de ces derniers organes, vivent dans une coque soyeuse, fixées aux plantes aquatiques et renfermant l'air nécessaire à leur existence ; d'autres encore vivent submergées sans enveloppe protectrice. Ces chenilles sont cependant dépourvues de branchies. La nature est venue à leur secours par un ingénieux artifice : le corps de ces larves est recouvert de filets charnus qui constituent une sorte « d'appareil branchial absorbant par osmose l'oxygène de l'air dissous dans l'eau. L'asphyxie de cette chenille est fort difficile à réaliser, et de Géer a vu qu'elle peut survivre à huit jours d'immersion dans l'huile. » (Girard.)

Les papillons blancs, variés agréablement de fauve, de brun et de jaune, volent au bord des ruisseaux.

La famille des *Bothydes* est représentée dans nos environs par de nombreuses espèces, dont une très commune, blanche tachetée de noir, vit sur les Orties (*Botys urticalis*).

Citons les *Crambus*, si communs dans les prairies et dont les chenilles vivent sur les herbes aquatiques.

Les *Galleria* méritent d'attirer notre attention, non par

leurs brillantes couleurs, mais par les dégâts que leurs chenilles occasionnent dans les ruches. Telle est celle de la *G. cereana*[1] ou Teigne des ruches. Cette chenille, véritable fléau dans les ruchers où elle apparaît, perfore les rayons, rongeant la cire, et remplissant les gâteaux de ses longs boyaux soyeux, qui ont jusqu'à douze et quinze centimètres de longueur. Les papillons pénètrent dans les ruches pour y pondre. A peine sortie de l'œuf la chenille commence ses ravages et finit par se chrysalider dans un cocon de soie blanche et gommée fort résistant; ces cocons sont en général accolés les uns aux autres. Le papillon grisâtre, de 28 à 30 millimètres d'envergure, éclôt en mai, puis en juillet et août.

Une Teigne voisine (*Aphomia colonella*), un peu moins grande, vit à l'état de chenille soit dans les nids des Bourdons, ou même dans les maisons où elle ronge les papiers, les fleurs artificielles, etc. Une autre Teigne très nuisible aux ruches est l'*Achræa grisella*, petite Teigne des ruches, dont la chenille répète en petit dans les ruches les dégâts de la *Galleria*. Cette *Achræa* vit aussi dans les maisons et n'y signale que trop souvent sa présence par ses dégâts dans les pelleteries et les autres substances animales où elle peut s'installer.

La famille des *Tortriciens* ou *Tordeuses* doit ce nom à l'habitude qu'ont les chenilles de rouler les feuilles en un tube ou un cornet retenu par de la soie et dans lequel elles habitent, vivent toute leur vie de larve, et se chrysalident.

Les papillons ont la côte de l'aile antérieure arquée à la base, ce qui leur donne un aspect spécial. Ils ont l'habitude de se tenir au repos les ailes disposées en toit aplati, et les couleurs brillantes, les fascies délicates métalliques dont elles sont ornées les font facilement distinguer sur les feuilles où ils aiment à se reposer pen-

1. On dit aussi *cerella*.

dant le jour. Les *Tordeuses* se plaisent dans les jardins, ou dans les haies, d'autres fréquentent les forêts et se tiennent souvent appliquées contre les troncs où leur teinte grisâtre dissimule admirablement leur présence. D'autres vivent plutôt sur les feuilles auxquelles elles ressemblent par leur couleur verte. De ces dernières font partie la *Tordeuse verte*, *Tortrix viridana*, dont les ailes supérieures sont vert tendre et les inférieures grises. La chenille, verte également, est très commune sur les chênes dont elle ronge les feuilles, les roulant en un tube tapissé intérieurement de soie. Cette espèce est tellement commune que ses chenilles finissent par se rendre nuisibles en dépouillant parfois complètement les chênes de leurs feuilles.

Une autre Tordeuse (*Tortrix Bergmanniana*) est nuisible aux rosiers dans les jardins, tandis que les arbres fruitiers ont à souffrir des ravages de la *T. holmiana*, qui attaque particulièrement les pommiers et les poiriers.

C'est dans cette famille que vient se ranger ce Microlépidoptère qui a acquis une si fâcheuse célébrité sous le nom de *Pyrale de la vigne* (*Œnophtira pilleriana*). Cette Tordeuse a de 20 à 24 millimètres d'envergure. Les ailes supérieures sont jaune fauve avec des reflets dorés, traversées par trois bandes brunes, les inférieures d'un gris violâtre. Ce papillon paraît à la fin de juillet. La chenille verdâtre hiverne dans une coque soyeuse. Ces larves malfaisantes vivent en société et entourent de soie les bourgeons, puis elles entourent les feuilles et les grappes de tentes soyeuses. « Ces fils innombrables, jetés dans toutes les directions, entravent la végétation, arrêtent complètement la floraison et la fructification des grappes qui s'y trouvent mêlées, et de cet enchevêtrement des grappes, des feuilles et des vrilles, résulte cet aspect de désolation que présentent les vignobles attaqués par l'Œnophtire. » (Girard.)

Un autre ennemi des vignes est encore la *Cochylis*

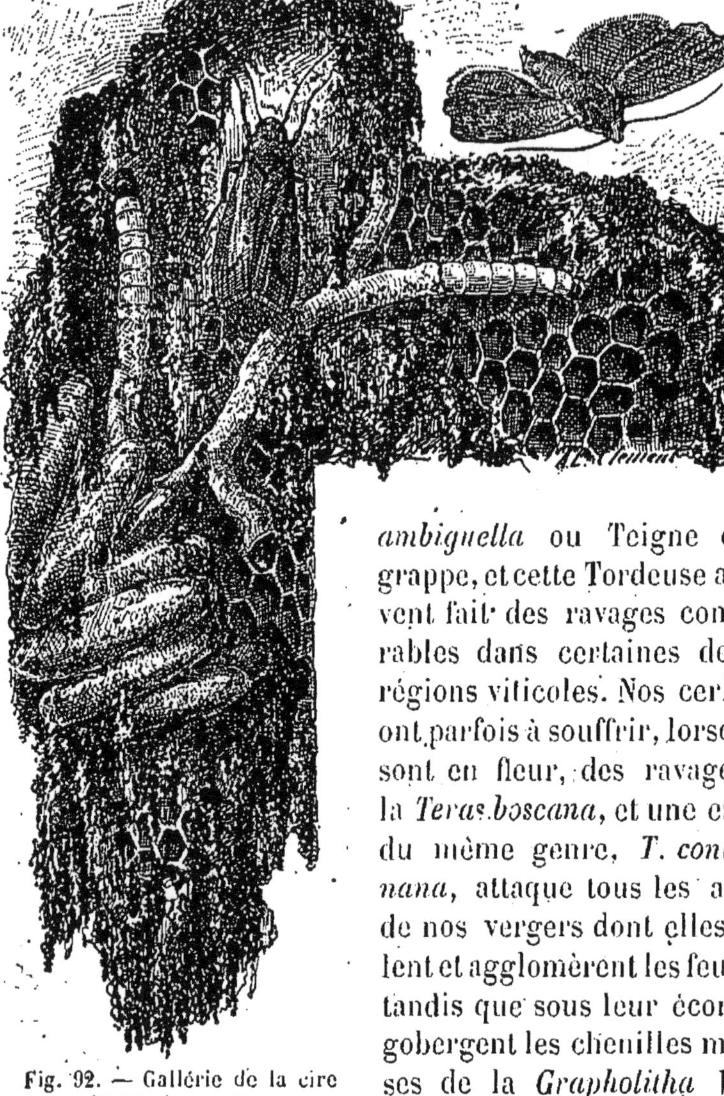

Fig. 92. — Gallérie de la cire (*Galleria cerella*).

ambiguella ou Teigne de la grappe, et cette Tordeuse a souvent fait des ravages considérables dans certaines de nos régions viticoles. Nos cerisiers ont parfois à souffrir, lorsqu'ils sont en fleur, des ravages de la *Teras boscana*, et une espèce du même genre, *T. contaminana*, attaque tous les arbres de nos vergers dont elles roulent et agglomèrent les feuilles, tandis que sous leur écorce se gobergent les chenilles mineuses de la *Grapholitha Weberiana*.

Les *Penthina* sont de jolies Tordeuses variées de brun et de blanc. *P. pruniaria* et *variegana*.

Les chenilles des *Carpocapsa* ont des mœurs particulières qui, tout en les rendant aussi nuisibles que les précédentes, nous les rendent encore plus désagréables. Ce sont ces chenilles qui vivent à l'intérieur des fruits et les rendent *véreux*, creusant dans leur chair savoureuse ces longs canaux remplis de leurs déjections noirâtres, semblables à des grains de poivre. Les papillons pondent leurs œufs dans l'ombilic du jeune fruit, la chenillette qui en sort perce un trou par où elle pénètre à l'intérieur. Désormais le fruit grossit tout comme s'il était sain, et ce n'est que lorsqu'on le coupe, qu'on reconnaît la présence du fâcheux parasite qui l'a sillonné de sa traînée dégoûtante. *C. pomonella.* Ailes supérieures grises variées de brun, ailes inférieures brunes. Envergure 18 millimètres. La chenille couleur chair vit dans les poires et les pommes, parfois dans les amandes et les noix, et quitte le fruit pour aller hiverner soit dans une fente de l'écorce, soit à terre, dans une coque soyeuse mêlée de débris de feuilles ou de bois; elle se chrysalide en mai ou en juin, et devient papillon en juillet. Le papillon est connu sous le nom de *Pyrale des pommes.* Les abricots et les prunes nourrissent une autre espèce, *Carpocapsa funebrana*, et les châtaignes ne sont que trop souvent attaquées par la *C. splendana.*

La famille des *Tinéinciens* renferme une foule de petits *Microlépidoptères*, de *Teignes*, et c'est parmi ses membres qu'il faut aller chercher toutes ces espèces funestes attaquant les étoffes. Les *papillons mange-draps*, par les chenilles desquelles nos vêtements, nos tapisseries sont trop souvent *mangés aux vers*, sont les représentants de cette nombreuse engeance dans nos appartements, tandis que dans les vergers voltigent encore d'autres espèces non moins pernicieuses aux arbres fruitiers.

Donnons aux espèces vivant en plein vent la préférence, prêtons-leur un instant d'attention, puis nous examinerons les funestes Teignes des draps, des fourrures, des tapisseries.

Les *Hyponomeutes* sont de jolies Teignes dont les ailes supérieures d'un beau blanc, piquetées de noir, recouvrent au repos en un toit allongé les ailes inférieures

gris soyeux largement frangées. Beaucoup d'entre elles sont très nuisibles aux arbres fruitiers, car leurs chenilles, souvent sociales, vivent en commun sous une toile soyeuse entourant des bouquets entiers de feuilles et de fruits, et faisant ainsi périr les feuilles qu'elles ne dévorent pas. Lorsque ces funestes chenilles ont dépouillé complètement un arbre de ses feuilles, elles l'abandonnent pour passer sur un autre, laissant derrière elles les rameaux chargés de leurs tentes soyeuses, tristes vestiges du séjour de cette engeance dévastatrice. Les espèces de ce groupe sont nombreuses : citons parmi les plus nuisibles : *Hyponomeuta padella* dé-

Fig. 93. — Hyponomeuta malinella.

vastant souvent les pruniers; *H. malinella* et *malivorella,* très nuisibles aux pommiers. Le meilleur moyen de détruire ces fâcheux dévastateurs consiste à détacher les bouquets de feuilles emprisonnés dans les tentes soyeuses et à brûler d'un coup toute la république. D'autres espèces vivent sur diverses plantes. *H. evonymella,* sur les fusains. *H. mahalebella,* sur les pruniers mahaleb. *H. sedella,* sur les *Sedum.*

Une espèce funeste, dévastant les greniers à blé, est l'*Alucite des céréales* (*Sitotroga cerealella*). Cette Teigne fort petite (13 millimètres), avec les ailes supérieures jaunâtres, les inférieures grises, pond ses œufs entre les balles des épis des céréales. La chenillette pénètre dans le grain, dont elle dévore d'abord l'embryon et ensuite toute la substance farineuse, ne laissant du grain de blé que l'enveloppe. Se reproduisant en quantités innombrables, cette espèce devient un véritable fléau dans les greniers.

Une autre Teigne non moins nuisible à l'agriculture est la Teigne des grains (*Tinea granella*). Le papillon a la tête jaunâtre, les ailes supérieures marbrées de brun, les ailes inférieures gris noirâtre. Envergure 13 à 15 millimètres.

Au contraire de la Teigne précédente, de l'Alucite, la chenille de cette espèce ne vit pas dans l'intérieur d'un grain; dans les greniers où elle se trouve, elle fait au travers des tas de blé des boyaux soyeux, réunissant les grains ensemble, rongeant ceux qu'elle rencontre devant elle. Elle couvre les tas de blé de nappes soyeuses, et il ne faut pas plus d'une nuit à ces funestes chenilles pour revêtir un fort amas de blé d'une tente de soie, qu'elles recommencent chaque fois qu'on vient à remuer le blé. Elle se métamorphose dans une coque composée de soie et de parcelles de son, fixée aux solives du plafond du grenier, et non pas à l'intérieur du grain.

Dans nos appartements se trouvent différentes petites

Teignes qui, comme nous l'avons dit, vivent aux dépens des étoffes de laine et des pelleteries.

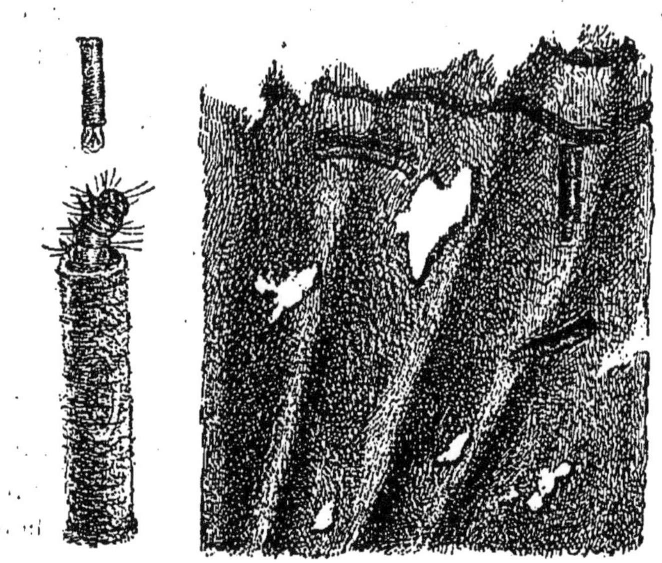

Fig. 94. — Chenille à fourreau de la Teigne des draps (*Tinea tapezella*).

T. Tapezella; Teigne des tapisseries. Environ 20 à 22 millimètres.

Tête blanche; antennes brunes; thorax brun noir. Ailes supérieures brunes, jaunâtres à l'extrémité; ailes inférieures gris cendré. La chenille vit dans un fourreau fixe, formé de brins de laine agglomérés avec de la soie, et mange le drap en le creusant; elle attaque aussi les fourrures, les collections d'histoire naturelle. Elle se chrysalide dans son fourreau et y passe l'hiver.

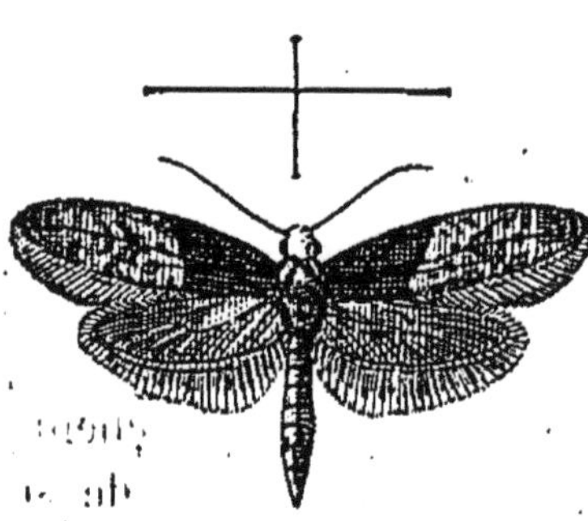

Fig. 95. — Teigne des draps (*Tinea tapezella*).

T. Pellionella; Teigne des pelleteries.

Environ 15 millimètres. Grise, les ailes inférieures plus

claires que les supérieures. La chenille de cette espèce est plus nuisible que la précédente, car non contente de couper dans les fourrures qu'elle attaque, non seulement les poils nécessaires à son fourreau, puis à sa nourriture, elle s'avance en traînant son fourreau, coupant devant elle les poils qui la gênent sur son passage. Son fourreau est aplati et possède à chaque bout un opercule mobile, attaché par une charnière en soie, mobile à la volonté de l'habitant; par l'une elle sort les premiers anneaux de son corps pour marcher et pour manger, par l'autre elle rejette ses excréments Très nuisible, surtout chez les fourreurs. La *Tinea spretella* ou Teigne fripière vit aussi sur les étoffes de laine; c'est cette espèce qui se promenant sur diverses étoffes et, agrandissant son fourreau à leurs dépens au fur et à mesure de ses besoins, finit par posséder une demeure bariolée de diverses couleurs.

Le meilleur moyen de se débarrasser de ces hôtes pernicieux est le battage fréquent et l'exposition au grand soleil des étoffes; le musc, le poivre, le camphre, diverses plantes aromatiques, donnent de bons résultats pour les draps renfermés dans les coffres ou les armoires. Un excellent préservatif, malheureusement d'un prix assez élevé, est une huile essentielle tirée d'une *Melaleuca* de Malaisie, l'huile de *cajuputi;* quelques gouttes de ce parfum pénétrant éloignent pendant longtemps les dévastateurs.

Que l'entomologiste y prenne garde, les Teignes sont de dangereux ennemis des collections, et elles ont bientôt fait de s'installer dans les boites, dévorant les plus beaux, les plus rares échantillons comme les plus vulgaires avec une impitoyable impartialité. La benzine, l'acide phénique, l'essence de serpolet, le sulfure de carbone auront bientôt raison de cette vermine. Il faut aussi toujours rechercher et écraser les papillons.

N'oublions pas aussi la *Tinea crinella*, dont la chenille se complait dans le crin des fauteuils, des matelas et ne dédaigne pas non plus les étoffes de laine, ainsi que le funeste *Blabophanes rusticellus*, qui partage ses goûts pour la laine et fait surtout le désespoir des naturalistes et des plumassiers en dévorant les plumes des oiseaux empaillés.

La *Tinea infimella* est un habitant des caves humides, où sa chenille vit sous une tente soyeuse qu'elle recouvre avec ses excréments. Elle vit sous les vieux tonneaux, dans les moisissures, mais attaque aussi parfois les bouchons des bouteilles, et le liège ainsi taraudé laisse couler le vin.

Un grand nombre de Teignes vivent sur les végétaux, soit qu'elles minent les feuilles et s'y établissent, soit qu'elles habitent des fourneaux formés de débris de feuilles, comme l'*Œcophora flavifrontella*, qui est fait avec des Lichens. Cette Teigne vit aussi dans les maisons, et particulièrement dans les plumes des oreillers, etc. Citons, parmi les espèces nuisibles, *Coleophora hemerobiella*, qui ronge les feuilles du poirier; *Gracilaria syringella*, sur les lilas; *Depressaria nervosa*, sur les carottes, etc.

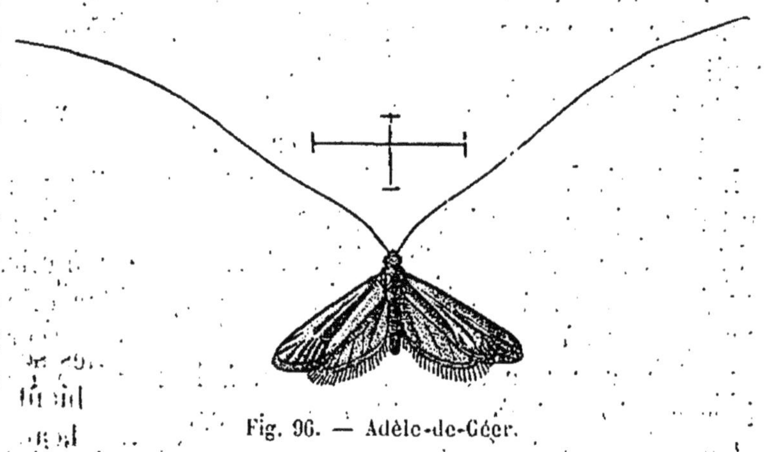

Fig. 96. — Adèle-de-Géer.

Les Adèles sont de jolis papillons, remarquables par la longueur démesurée de leurs antennes et par leurs ailes diaprées rivalisant d'éclat avec les pierres précieuses.

Rien n'est plus beau que de voir ces brillantes créatures voltiger autour des buissons.

L'Adèle de Géer (*Adela Degereella*), dorée, variée de pourpre foncé avec deux lignes fines bleu azur aux ailes supérieures, se trouve du 15 mai au 15 juin avec l'*A. viridella*, qui est d'un vert doré foncé.

PTÉROPHORIENS

Les Microlépidoptères appartenant à cette division se distinguent de tous les autres par leurs ailes divisées en lanières frangées, et donnant à ces papillons l'aspect d'un éventail déchiré. Avec des organes de vol ainsi divisés, leur vol doit être incertain et peu soutenu, aussi les voit-on, quand on les dérange du milieu des herbes où ils sont blottis, s'élever d'un élan vacillant, redescendre puis remonter pour se poser un peu plus loin. Ce sont des papillons plutôt nocturnes, et qu'on trouve fréquemment noyés dans les bassins et les pièces d'eau qu'ils ont voulu traverser malgré la faiblesse de leur vol.

Les chenilles de Ptérophoriens, courtes, renflées, portant des poils ou des épines, ont seize pattes. Elles vivent à découvert sur les plantes qui les nourrissent et où elles se meuvent lentement. Au moment de se chrysalider, elles se suspendent à une feuille par l'extrémité postérieure et s'appuient sur une ceinture de soie, à la manière des Diurnes qui ont des chrysalides succinctes.

Deux genres principaux composent cette famille, *Pterophorus* et *Orneodes*, bien que l'on ait fondé une famille pour le dernier (*Alucitides*).

Chez le *Pterophorus spilodactylus*, les ailes d'un blanc sale sont divisées en cinq branches étroites et frangées, tandis que chez une espèce voisine et beaucoup plus commune (*P. pentadactylus*) elles sont entièrement blanches. Nous remarquons que la première branche porte chez celui-ci une raie brune oblique, et deux taches grises à son extrémité, et la seconde deux taches grises placées au même endroit. Le *P. Monodactylus* ou *Ptérodactyle* est d'un brun grisâtre. Les ailes inférieures ont trois divisions, et sont grises. La chenille de cette espèce vit sur les Liserons, les Pois de senteur, etc.

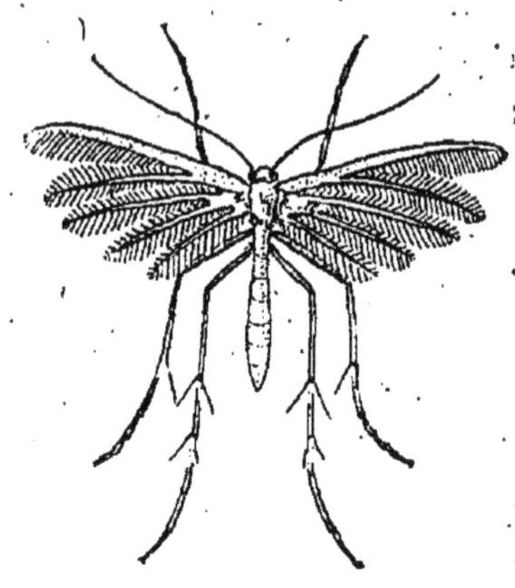

Fig. 97. — Ptérophore.

L'*Orneodes hexadactylus* possède à l'excès ce caractère de la division des ailes. C'est un petit papillon (15 mill.) dont les lanières plumeuses sont agréablement variées sur un fond gris de lignes brunes et blanchâtres ondulées et

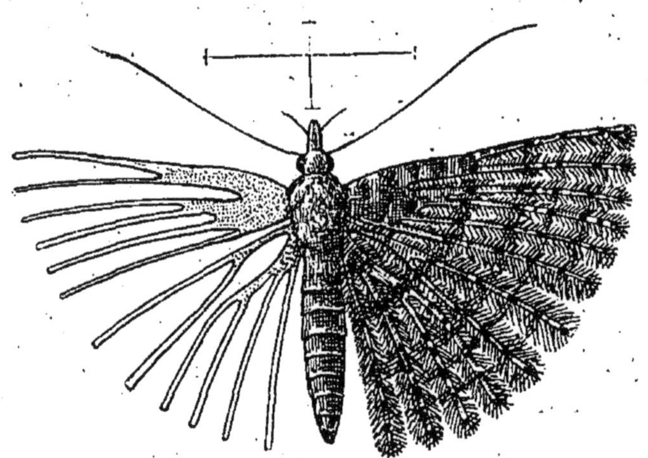

Fig. 98. — Orneodes hexadactylus.

de taches ocellées brunes et blanches. On trouve ce curieux Microlépidoptère au printemps et en automne ; et il aime à se tenir les ailes complètement repliées, appliqué le long des murs ou contre les vitres des fenêtres. On rencontre parfois avec lui l'*O. Hübneri*, espèce plus rare, d'un gris plus clair, les raies sinueuses brunes ne s'étendant pas jusqu'aux ailes inférieures.

La chenille de l'Ornéode hexadactyle vit dans le calice des fleurs du chèvrefeuille et se chrysalide sous quelque abri dans une coque soyeuse d'un tissu lâche.

D'autres espèces d'Ornéodes habitent l'Europe.

Nous voici arrivés à la fin de cette trop brève énumération des insectes les plus élégants qui soient au monde, et à peine avons-nous pu effleurer notre sujet, à peine nous a-t-il été possible d'indiquer même brièvement les formes les plus remarquables, à peine avons-nous esquissé l'histoire de quelques-unes d'entre elles, de beaucoup les plus communes en nos climats, celles que nos excursions dans nos environs nous permettent journellement d'observer. Combien aurais-je été plus heureux de parler un peu de ces admirables papillons, délicates et splendides créatures aux formes bizarres et aux couleurs émaillées, que j'ai vues traverser si souvent les clairières des grands bois et se perdre dans le lacis inextricable de la forêt vierge. Ornithoptères au vol d'oiseau, à la puissante envergure, grands Papillons de velours noir sablés d'aventurine et de saphir, Leptocirques aux ailes vitrées, Nyctalémons à la robe de peluche ou de loutre, Glaucopides à la livrée tranchée comme les pièces d'un blason, je vous revois voltigeant dans la splendide nature de l'archipel Malais. Que n'ai-je pu parler ici de ces Lépidoptères des îles indiennes, des Célèbes et des Moluques ou des terres de la Nouvelle-Guinée, heureux de me reporter un instant par la pensée au calme et au silence de la grande forêt !

FIN

TABLE DES GRAVURES

FIN DE LA TABLE DES GRAVURES.

TABLE DES CHAPITRES

CHAPITRE PREMIER

Pages.

CHAPITRE II

CHAPITRE III

CHAPITRE IV

CHAPITRE V

CHAPITRE VI

CHAPITRE VII

CHAPITRE VIII

CHAPITRE IX

CHAPITRE X

FIN DE LA TABLE DES CHAPITRES.

15377. — Imprimerie A. Lahure, 9, rue de Fleurus, à Paris

EXTRAIT DU CATALOGUE

BIBLIOTHÈQUE DES MERVEILLES

PUBLIÉE SOUS LA DIRECTION DE M. ÉDOUARD CHARTON

FORMAT IN-16, A 2 FR. 25 C. LE VOLUME

La reliure en percaline bleue avec tranches rouges se paye en sus 1 fr. 25 c.

André (E.) : *Les fourmis*. 1 vol. avec 74 grav. d'après A. Clément.

Augé (L.) : *Voyage aux sept merveilles du monde*. 1 vol. avec 21 grav. d'après Sidney Barclay.

— *Les tombeaux*. 1 vol. avec 31 gravures d'après Barclay.

Badin (A.) : *Grottes et cavernes*; 4e édition. 1 vol. avec 53 grav. d'après C. Saglio.

Ouvrage couronné par la Société pour l'Instruction élémentaire.

Baille (J.) : *Les merveilles de l'électricité*; 5e édition. 1 vol. avec 71 grav. d'après Jahandier.

Bernard (F.) : *Les évasions célèbres*; 3e édition. 1 vol. avec 25 gravures d'après Bayard.

— *Les fêtes célèbres de l'antiquité, du moyen âge et des temps modernes*; 2e édition. 1 vol. avec 23 gravures d'après Goutzwiller.

Bocquillon (H.) : *La vie des plantes*; 4e édition. 1 vol. avec 172 gravures d'après Faguet.

Bouant (E.) : *Les grands froids*. 1 vol. avec 31 grav. d'après Weber.

— *Les merveilles du feu*. 1 vol. avec 97 gravures d'après Dosso, etc.

Brévans (A. de) : *La migration des oiseaux*. 1 volume avec 89 gravures d'après Mesnel.

Capus (E.) : *L'œuf chez les plantes et chez les animaux*. 1 vol. avec 145 gravures.

Castel (A.) : *Les tapisseries*; 2e édition. 1 volume avec 22 gravures d'après P. Sellier.

Cazin (A.) : *La chaleur*; 4e édition. 1 vol. avec 92 gravures d'après Jahandier.

— *Les forces physiques*; 3e édition. 1 vol. avec 58 gravures d'après A. Jahandier.

— *L'étincelle électrique*; 2e édition. 1 volume avec 90 gravures d'après B. Bonnafoux, etc.

Collignon (E.) : *Les machines*. 1 vol. avec 82 gravures d'après B. Bonnafoux, Jahandier et Marie.

Colomb (C.) : *La musique*. 1 vol. avec 119 gravures d'après Gilbert et Bonnafoux.

Deharme : *Les merveilles de la locomotion*. 1 vol. avec 77 gravures d'après A. Jahandier et L. Bayard.

Deherrypon : *Les merveilles de la chimie*; 2e édition. 1 vol. avec 54 gravures d'après Férat, Marie, Jahandier, etc.

Deleveau (P.) : *La matière et ses transformations*. 1 vol. avec 89 gravures d'après Chauvet.

Depping (G.) : *Les merveilles de la force et de l'adresse;* 2e édition. 1 vol. avec 69 gravures d'après E. Ronjat et Rapine.

Dieulafait : *Diamants et pierres précieuses;* 3e édition. 1 vol. avec 130 gravures d'après Bonnafoux, P. Sellier, etc.

Ouvrage couronné par la Société pour l'Instruction élémentaire.

Du Moncel : *Le téléphone;* 5e édition. 1 vol. avec 67 gravures par Bonnafoux.

— *Le microphone, le radiophone et le phonographe.* 1 vol. avec 119 gravures d'après Bonnafoux et Chauvet.

— *L'éclairage électrique*, 1re partie : *Appareils de lumière;* 3e édit. 1 vol. avec 70 gravures d'après Bonnafoux, Chauvet, etc.

— *L'éclairage électrique*, 2e partie : *Les lampes.* 1 vol. avec 121 gravures d'après Chauvet.

Du Moncel et Geraldy : *L'électricité comme force motrice;* 2e édit. 1 vol. avec 112 gravures d'après Alix, Léger et Poyet.

Duplessis (G.) : *Les merveilles de la gravure;* 3e édition. 1 vol. avec 34 gravures d'après P. Sellier.

Flammarion (C.) : *Les merveilles célestes*, lecture du soir; 7e édition. 1 vol avec 89 gravures et 2 planches.

Fonvielle (W. de) : *Les merveilles du monde invisible;* 4e édit. 1 vol. avec 120 gravures.

— *Éclairs et tonnerre;* 3e édition. 1 vol. avec 39 gravures d'après E. Bayard et H. Clerget.

— *Le monde des atomes.* 1 vol. avec 40 gravures d'après Gilbert.

Garnier (E.) : *Les nains et les géants.* 1 vol. avec 80 gravures d'après A. Jahandier.

Garnier (J.) : *Le fer;* 2e édit. 1 vol. avec 70 gravures d'après A. Jahandier.

Gazeau (A.) : *Les bouffons.* 1 vol. avec 63 gravures d'après P. Sellier.

Girard (J.) : *Les plantes étudiées au microscope;* 2e édit. 1 vol. avec 208 gravures.

Girard (M.) : *Les métamorphoses des insectes;* 6e édition. 1 vol. avec 378 gravures d'après Mesnel, Delahaye, Clément, etc.

Ouvrage couronné par l'Académie des Sciences.

Graffigny (de) : *Les moteurs anciens et modernes.* 1 vol. avec 106 gravures d'après l'auteur.

Guillemin (A.) : *Les chemins de fer*, 1re partie : La voie et les ouvrages d'art; 7e édit. 1 vol. avec 96 grav.

— *Les chemins de fer*, 2e partie : La locomotive, le matériel roulant, l'exploitation; 7e édition. 1 vol. avec 75 gravures.

— *La vapeur;* 3e édit. 1 vol. avec 117 grav. d'après B. Bonnafoux, etc.

Hanotaux : *Les villes retrouvées;* 2e édition. 1 vol. avec 75 gravures d'après P. Sellier, etc.

Hélène (M.) : *Les galeries souterraines;* 2e édition. 1 vol. avec 66 gravures d'après J. Férat, etc.

— *La poudre à canon et les nouveaux corps explosifs.* 1 vol. avec 41 gravures d'après Férat.

Hennebert (Le lieut.-colonel) : *Les torpilles.* 1 vol. avec 82 gravures.

Jacquemart (A.) : *Les merveilles de la céramique.* Ire partie (Orient). 4e édition. 1 vol. avec 53 gravures d'après H. Catenacci.

— *Les merveilles de la céramique.* IIe partie (Occident); 3e édition 1 vol. avec 221 gravures d'après J. Jacquemart.

— *Les merveilles de la céramique.* IIIe partie (Occident); 3e édition. 1 vol. avec 833 monogrammes et 49 gravures d'après J. Jacquemart.

Joly (H.) : *L'imagination;* 2e édition. 1 vol. avec 4 eaux-fortes par L. Delaunay et L. Massard.

Lacombe (P.) : *Les armes et les armures.* 3e édition. 1 vol. avec 60 gravures d'après H. Catenacci.

— *Le patriotisme;* 2e édition. 1 vol. avec 4 héliogravures.

Laffitte (P.) : *La parole*. 1 vol. avec 24 gravures.

Landrin (A.) : *Les plages de la France*, 3e édit. 1 vol. avec 107 gravures d'après Mesnel.

— *Les monstres marins*; 3e édit. 1 vol. avec 66 grav. d'après Mesnel.

— *Les inondations*. 1 vol. avec 24 gravures d'après Vuillier.

Lanoye (F. de) : *L'homme sauvage*; 2e édit. 1 vol avec 35 gravures d'après E. Bayard.

Lasteyrie (F. de) : *L'orfèvrerie*, depuis les temps les plus reculés jusqu'à nos jours; 2e édition. 1 vol. avec 62 gravures.

Lefebvre (E.) : *Le sel*. 1 vol. avec 49 gravures.

Lefèvre (A.) : *Les merveilles de l'architecture*; 4e édition. 1 vol. avec 60 gravures d'après Thérond, Lancelot, etc.

— *Les parcs et les jardins*; 3e édition. 1 volume avec 29 gravures d'après A. de Bar.

Le Pileur (Dr) : *Les merveilles du corps humain*; 5e édit. 1 vol. avec 45 gravures d'après Léveillé et 1 planche en couleurs.

Lesbazeilles (E.) : *Les colosses anciens et modernes*; 2e édit. 1 vol. avec 53 gravures d'après Lancelot, Goutzwiller, etc.

— *Les merveilles du monde polaire*. 1 vol. avec 38 gravures d'après Riou, Grandsire, etc.

— *Les forêts*. 1 vol. avec 43 gravures d'après Slom, etc.

Lévêque : *Les harmonies providentielles*; 4e édit. 1 vol. avec 4 eaux-fortes.

Marion (F.) : *L'optique*; 3e édit. 1 vol. avec 68 gravures d'après A. de Neuville et Jahandier.

— *Les ballons et les voyages aériens*; 4e édit. 1 vol. avec 30 gravures d'après P. Sellier.

— *Les merveilles de la végétation*; 4e édit. 1 vol. avec 45 gravures d'après Lancelot.

Marzy (F.) : *L'hydraulique*; 3e édit 1 vol. avec 39 grav. d'après Jahandier.

Masson (M.) : *Le dévouement* 3e édit. 1 vol. avec 14 gravures d'après P. Philippoteaux.

Menault (E.) : *L'intelligence des animaux*; 5e édit. 1 vol. avec 58 gravures d'après E. Bayard.

— *L'amour maternel chez les animaux*; 2e édit. 1 vol. avec 78 gravures d'après A. Mesnel.

Meunier (Mme S.) : *L'écorce terrestre*. 1 vol. avec 75 gravures.

Meunier (V.) : *Les grandes chasses*; 5e édit. 1 vol. avec 38 gravures d'après Lançon.

— *Les grandes pêches*; 2e édition. 1 vol. avec 85 gravures d'après Riou.

Millet : *Les merveilles des fleuves et des ruisseaux*; 2e édition. 1 vol. avec 66 gravures d'après Mesnel, et 1 carte.

Moitessier : *L'air*; 2e édition. 1 vol. avec 95 gravures d'après B. Bonnafoux, etc.

— *La lumière*; 2e édition. 1 vol. avec 121 gravures d'après Taylor, Jahandier, etc.

Moynet (G.) : *L'envers du théâtre* ou *les machines et les décors*; 2e édit. 1 vol. avec 60 gravures ou coupes d'après l'auteur.

Narjoux (F.) : *Histoire d'un pont*. 1 vol. avec 80 gravures d'après l'auteur.

Petit (Maxime) : *Les sièges célèbres de l'antiquité, du moyen âge et des temps modernes*. 1 vol. avec 32 gravures d'après G. Gilbert.

— *Les grands incendies*. 1 vol. avec 34 gravures d'après Deroy.

— *Le courage civique*. 1 vol. avec 29 gravures.

Radau (R.) : *L'acoustique*, 2e édit. 1 vol. avec 116 grav d'après Lœschin, Jahandier, etc.

— *Le magnétisme*; 2e édition. 1 volume avec 104 gravures d'après Bonnafoux, Jahandier, etc.

Renard (L.) : *Les phares*; 3e édit. 1 vol. avec 38 gravures d'après Jules Noël, Rapine, etc.

— *L'art naval*; 4e édition. 1 vol. avec 52 grav. d'après Morel Fatio.

Renaud (A.) : *L'héroïsme ;* 2ᵉ édition. 1 vol. avec 15 gravures d'après Paquier.

Reynaud (J.). *Histoire élémentaire des minéraux usuels ;* 6ᵉ édition. 1 volume avec 2 planches en couleurs et 1 planche en noir.

Roy (J.). : *L'an mille.* Formation de la légende de l'an mille. Etat de la France de l'an 950 à 1050. 1 vol. avec 30 gravures.

Sauzay (A.) : *La verrerie* depuis les temps les plus reculés jusqu'à nos jours ; 2ᵉ édition. 1 vol. avec 66 gravures d'après B. Bonnafoux.

Simonin (L.) : *Les merveilles du monde souterrain ;* 5ᵉ édition. 1 vol. avec 18 gravures d'après A. de Neuville, et 9 cartes.

— *L'or et l'argent.* 1 vol. avec 67 gravures d'après A. de Neuville, P. Sellier, etc.

Sonrel (L.) : *Le fond de la mer ;* 5ᵉ édition. 1 vol. avec 93 gravures d'après Mesnel, etc.

Ternant (A.) : *Les télégraphes.* Tome I : Télégraphie optique. — Télégraphie acoustique. — Télégraphie pneumatique. — Poste aux pigeons ; 2ᵉ édition. 1 vol. avec 63 gravures.

Tissandier (G.) : *L'eau ;* 5ᵉ édition. 1 vol. avec 77 gravures d'après A. de Bar, Clerget, Riou, Jahandier, etc., et 6 cartes.

— *La houille ;* 2ᵉ édit. 1 vol. avec 66 grav. d'après A. Jahandier, A. Marie et A. Tissandier.

— *La photographie ;* 3ᵉ édition. 1 vol. avec 76 gravures d'après Bonnafoux et Jahandier.

— *Les fossiles.* 1 vol. avec. 133 grav d'après Delahaye.

— *La navigation aérienne.* 1 vol. ill. de 98 gravures d'après Barclay Langlois, etc.

Viardot (L.) : *Les merveilles de la peinture.* Iʳᵉ série ; 4ᵉ édition. 1 vol. avec 24 reproductions de tableaux par Paquier.

— *Les merveilles de la peinture.* IIᵉ série ; 2ᵉ édition. 1 vol. avec 12 reproductions de tableaux par Paquier.

— *Les merveilles de la sculpture ;* 2ᵉ édition. 1 vol. avec 62 reproductions de statues, par Petot, P. Sellier, Chapuis, etc.

Zurcher et Margollé : *Les ascensions célèbres aux plus hautes montagnes du globe ;* 3ᵉ édition. 1 vol. avec 39 gravures d'après de Bar.

— *Les glaciers ;* 3ᵉ édition. 1 vol. avec 45 gravures d'après E. Sabatier.

— *Les météores ;* 4ᵉ édition. 1 vol. avec 23 gravures d'après Lebreton.

— *Volcans et tremblements de terre ;* 4ᵉ édition. 1 vol. avec 61 gravures d'après E. Riou.

— *Les naufrages célèbres ;* 4ᵉ édition. 1 vol. avec 30 gravures d'après Jules Noël.

— *Trombes et cyclones ;* 2ᵉ édit. 1 vol. avec 42 gravures d'après A. de Bérard et Riou.

— *L'énergie morale ;* Beaux exemples. 1 vol. avec 15 gravures d'après P. Fritel et A. Brouillet.

www.ingramcontent.com/pod-product-compliance
Ingram Content Group UK Ltd.
Pitfield, Milton Keynes, MK11 3LW, UK
UKHW020111200726
13856UKWH00002B/491